废油资源化技术丛书

多场协同强化分离技术及理论

龚海峰　张贤明　彭　烨

柳云骐　焦昭杰　余　保　著

科学出版社

北　京

内 容 简 介

液-液、固-液、液-液-固等多相流分离，如乳化液破乳脱水、石油净化除杂等，常见于油田开采、废油资源化、大型设备润滑油净化等诸多工程领域。目前仍然以物理分离、化学分离的方法为主，如重力沉降分离法、离心分离法、电场分离法、化学法、真空加热分离法、吸附分离法及聚结分离法等，但均存在诸多不足。一般情况下，单一工艺方法很难实现多相流分离处理，将两种及以上的工艺方法或单元操作通过耦合集成，完成常规工艺难以适应的分离过程，是多相流分离技术发展的主流。本书以油-水两相流和油-水-固三相流高效分离为背景，研究温度场、电场、离心场等多场协同强化分离技术，揭示多场协同强化分离过程内在规律，阐明高效分离系统调控机制，为新型强化分离过程的应用奠定理论基础，为设计高效多相流分离装置提供依据。

此书可作为油气田地面工程、化学工程、资源环境等领域工程技术人员的参考用书，也可作为相关技术领域高校、科研院所等单位科研人员、教师、研究生的参考用书。

图书在版编目（CIP）数据

多场协同强化分离技术及理论/龚海峰等著. —北京：科学出版社，
2021.3

ISBN 978-7-03-066721-2

Ⅰ.①多… Ⅱ.①龚… Ⅲ.①油水分离-研究 Ⅳ.①TE624.1

中国版本图书馆 CIP 数据核字（2020）第 216218 号

责任编辑：刘 琳 黄 桥/责任校对：樊雅琼
责任印制：罗 科/封面设计：墨创文化

科学出版社 出版
北京东黄城根北街 16 号
邮政编码：100717
http://www.sciencep.com

成都锦瑞印刷有限责任公司印刷
科学出版社发行 各地新华书店经销

*

2021 年 3 月第 一 版 开本：787×1092 1/16
2021 年 3 月第一次印刷 印张：11 1/2
字数：280 000
定价：108.00 元
（如有印装质量问题，我社负责调换）

序

  长江横跨我国东中西三大区域，流经 8 省 1 区 2 市。长江经济带是新时期经济发展的重要战略支撑带，支撑起全国超过 45% 的经济总量。习近平总书记多次亲临长江经济带考察，主持召开了推动长江经济带发展座谈会，并发表了重要讲话，强调："长江是中华民族的母亲河，一定要保护好""绝不容许长江生态环境在我们这一代人手上继续恶化下去，一定要给子孙后代留下一条清洁美丽的万里长江！"。新时期长江流域经济发展坚持"共抓大保护、不搞大开发"，走"生态优先、绿色发展"模式。饮用水安全保障是长江流域环境治理的主要目标之一，其难点在于特殊废水的科学污染治理、农业面源污染控制和流域两岸量大面广的分散点源生活污水处理等。随着工业化进程的快速发展，港口、工矿等产生的工业废油对长江水体污染的影响已不容忽视。《国家危险废物名录》已明确将废矿物油等列为危废物，一标准桶（200 升）的废矿物油流入江河，可污染 3.5 平方公里的水面。据不完全统计，长江流域的废油产生量达到了每年 250 万～300 万吨，因此开展含油废水的处理及其资源化研究是保障长江流域水安全的重要组成部分。

  "废油资源化技术与装备教育部工程研究中心"是一个部级废油资源化研究平台，先后承担国家和省部级等科技项目数百项，在废油资源化领域获得了国家科技进步奖二等奖、教育部科技进步奖一等奖、全国商业科技进步奖特等奖等 30 余项奖项，具有扎实的研究积累和人才优势，肩负着阻断废矿物油污染、保护长江"母亲河"的使命。

  《多场协同强化分离技术及理论》一书是废油资源化技术与装备教育部工程研究中心首席科学家——张贤明教授及其科研团队在近年来开展废矿物油资源化过程中脱水除杂预处理技术方面的部分研究成果总结。这次科学出版社与该科研团队合作，共同将团队最新的阶段性成果体现在此书中，是一件非常有意义的事，为读者提供了关于多场协同分离技术的系统认识。该书系统性、针对性强，对高效多相流分离技术推广应用以及废矿物油资源化装备研制都具有积极的指导意义。

  该书可作为环境工程、化学工程、油气田地面工程等领域工程技术人员的参考用书，也可作为相关技术领域高校、科研院所等单位科研人员、教师、研究生的参考用书。衷心希望研究工作能够继续深入，在油水分离及其废油资源化研究中取得更多成果，愿该书的出版对读者了解多场协同分离技术有所帮助。

中国工程院院士

于 2021 年 2 月 28 日

前　言

　　多相流分离一直都是诸多学者关注的热点,广泛存在于石油化工、资源再利用、冶金、装备制造等行业领域。广大科研工作者及专家学者提出了很多解决方案,如旋流分离、生物分离、微波分离、超声分离等,但这些方法目前大都处于实验探索阶段,相对于传统的沉降分离、电场分离、离心机分离等方法,应用于工程实践还不成熟。学术界有一个共识,即一般情况下,单一工艺方法很难实现多相流分离处理,将两种及以上的工艺方法或单元操作通过耦合集成,完成常规工艺难以适应的分离过程,是多相流分离技术发展的主流。鉴于此,本书提出多场协同强化液-液、固-液、液-液-固等多相流的高效分离技术及理论。

　　在单一工艺方法无法较好地完成液-液、固-液、液-液-固等多相流的高效分离的背景下,借助多个物理场,如高压电场、旋流离心场、温度场等,实现分离处理工艺的各自优势,取长补短,通过合理耦合集成,以完成单一工艺所无法完成的分离处理过程。本书正是基于上述思想,集合课题组长期在工业废油多场协同强化分离过程方面的研究成果,系统阐述多场协同或耦合分离技术及系统调控机理。本书主要通过对电场-旋流离心场耦合分离、电场-旋流离心场串联分离、电场-旋流离心场-温度场协同深度净化以及电场-旋流离心-温度场耦合实现油-水-固三相分离等协同强化分离新过程,进行数学建模、过程仿真、数值计算、分离特性、参数调控及平台实验等方面的研究,深入全面揭示多场协同强化分离过程规律,为技术应用及装置设计提供理论支撑。

　　本书包括五章内容,第1章为绪论,全面阐述现有的分离工艺方法及手段,指明多场协同强化分离过程的技术优势及应用前景;第2章为电场-旋流离心场耦合分离技术,主要介绍电场-旋流离心场耦合分离的理论基础、耦合结构、分离模型、过程仿真、系统特性、分离实验等内容;第3章为电场-旋流离心场串联分离技术,主要介绍电场分离动力学及参数匹配,旋流离心场分离动力学及结构设计与参数优化,以及电场-旋流离心场参数匹配调控、装置设计与实验等;第4章为电场-旋流离心场-温度场协同分离技术,主要针对含水体积分数不确定的乳化液进行深度净化处理,内容包括工艺流程设计、三场协同分离过程仿真、三场协同分离系统特性分析、三场协同分离平台系统设计与实验;第5章为基于群体平衡模型的双场耦合分离技术,主要介绍电场-旋流离心场耦合过程仿真、系统模型构建、耦合系统分离特性、系统参数调控以及装置设计与实验等。上述内容,除绪论外,各章紧紧围绕多场协同强化分离这一中心内容,既有区别,又有关联,针对不同的多相流组成,应用不同的物理场协同或耦合方式,从理论计算与平台实验的角度系统阐明各分离技术的过程规律,从本质上揭示多场协同强化分离过程的技术特征,为技术推广应用奠定依据。目前,国内外还未见此类书籍的出版。因此,本书具有较好的学术价值和技术参考价值。

　　在撰写本书期间,龚海峰、张贤明、彭烨、焦昭杰、柳云骐和余保共同讨论,并负责制定编写大纲，完成各章撰写；焦昭杰、余保负责统稿，龚海峰、张贤明、柳云骐、彭烨共同商讨定稿。在博士研究生余保，硕士研究生李文龙、戴飞、廖治祥、邱值的大力帮助下，完成了相关计算、验证实验以及材料整理收集等工作，在此表示感谢。同时还要感谢废油资源化技术与装备教育部工程研究中心陈凌教授、姜岩教授、张海东教授、欧阳平副研究员、吴云副研究员、陈佳副研究员、熊昆副研究员、蒋光明副研究员、吕晓书副研究员、殷宏博士、何东霖博士、任博平博士、陈亚飞博士等对本书相关理论和工艺提出的指导意见。此外，本书得到了重庆工商大学科技开发总公司杨兴胜老师、夏炳钧老师、喻其炳老师、刘林老师、刘红兵老师和胡晓林老师在实验装置的设计制造过程中给予的鼎力支持。可以说，本书的完成是集体的智慧和努力。

　　本书还得到了国家自然科学基金项目"面向工业废油资源化的三场耦合高效破乳脱水机制与方法研究"（21676037、22008016）、重庆市重点专项项目（cstc2019jscx-gksbX0032）、重庆市自然科学基金项目（cstc2019jcyj-msxmX0296）、重庆市教委科技项目（KJQN201800813，KJQN201900825，KJZD-M201900802，KJZDK201800801、KJZDK202000803）、重庆英才计划、巴渝学者特聘教授、重庆工商大学高层次人才等项目（1856043，1956015，1952030，KFJJ2018063，fykf201901）、废油资源化技术与装备教育部工程研究中心、重庆市工业废油再生工程技术研究中心、重庆高校工业废油资源化技术与装备工程研究中心及制造装备机构设计与控制重庆市重点实验室的支持。

　　本书从揭示多场协同强化分离过程规律及调控机理的角度探讨技术应用理论基础，加深人们对多场协同强化分离技术的认识。目前国内外还未见关于多场协同强化分离方面的专著出版，相关的理论及实验研究大多发表于各类期刊，还没有相关的专著对多场协同强化分离技术及理论进行系统的介绍。我们希望本书的出版能够起到抛砖引玉的作用，希望多场协同强化分离技术研究能够在一定程度上得到国内同行的关注和认可，并共同促进多相流分离技术在国内的发展，使其能够在工程领域得到成熟应用，为实际工作提供理论支撑。

　　由于作者水平有限，对于该领域的某些关键问题尚处于探索研究阶段，书中难免存在不足之处，恳切希望读者能够通过如下联系方式将意见反馈给我们，以此指导和促进我们今后的工作：ghfpy@ctbu.edu.cn 或废油资源化技术与装备教育部工程研究中心龚海峰（400067）。

目　　录

第1章 绪 论

1.1 常见的物理场强化分离方法

油-水乳化液广泛存在于生产生活中，如废油乳化液、原油乳化液、含油污水及食用油废水等。乳化液有两种类型：油包水（W/O）型和水包油（O/W）型。尽管这两种类型的乳化液在热力学上是不稳定的，但两者均能保持动态平衡且持续较长的时间[1]。乳化液的不合理处理会对生态环境、水土资源和人体健康构成威胁。因此，采用一定的方法或技术对其进行回收净化处理对于环境保护、资源节约和缓解能源紧张具有重大的现实意义[2]。对乳化液进行破乳脱水处理是处理过程中的首要环节[3]。目前所采用的方法多种多样，主要有化学法、生物法和物理法[4]。作为乳化液破乳脱水中的常用方法，物理法的实质是对乳化液施加一定的外力，通过外力作用破坏两相界面膜机械强度，促进液滴的聚并和沉降，完成油-水分离[5]。目前，常见的物理场强化分离方法包括重力沉降法、离心法、电场法、微波法和超声法等。

1.1.1 重力沉降法

重力沉降法是一种用于油-水两相流分离的传统方法，其主要利用油-水两相的不相容性和密度的不同，并通过重力作用使油-水两相分离。若液滴雷诺数较小，即液滴在连续相中所受惯性力和黏滞力的比值较小，则液滴沉降速度可以表达为[6]

$$v = \frac{gd^2(\rho_B - \rho_H)}{18\mu_H} \tag{1.1}$$

式中，d 为液滴粒径，m；ρ_B 为液滴密度，kg/m^3；ρ_H 为流体相密度，kg/m^3；μ_H 为流体相的动力黏度，$Pa \cdot s$。

从式（1.1）中可以看出，液滴的沉降速度主要与液滴粒径、液滴-流体（油-水）两相密度差有关。液滴粒径越大、油-水两相密度差越大，沉降速度越大。重力沉降法的特点是设备简单、运行维护费用低，对于低黏度、含水体积分数大的乳化液尤为有效。但是，该方法不能脱去油液中的乳化水和溶解水（乳化水危害最大），对于高黏度、含水体积分数小的乳化液，脱水效果不佳，且所需时间长。

1.1.2 离心法

离心法是利用高速旋转的油-水两相的密度差产生不同的离心力，乳化液中密度较大的重质相由于受到较大的离心力向着容器的壁面层运动，密度较小的轻质相则停留在容器内部，从而实现油-水两相流的有效分离。液-液分离旋流器是目前经常采用的离心分离设备，其优点是重量轻、体积小、处理时间短以及制造成本低等，不足之处在于对分散相液滴较小的乳化液分离效果不是很理想。该装置的离心力可表示为[7]

$$F_c = \frac{\pi \rho u_t^2 d^3}{6r} \tag{1.2}$$

式中，ρ 为分散相液滴密度；d 为分散相液滴直径；r 为任意一点与中心轴线的径向距离；u_t 为连续相的切向速度。

　　由于两相混合液具有较高的角速度，旋流分离装置能够产生高于重力三个数量级的离心力，从而使油-水相更快地分离[8]。旋流分离装置中分散相液滴的径向速度 v_r 可表达为[9]

$$v_r = \frac{\Delta \rho d^2 u_t^2}{18 \mu r} - u_r \tag{1.3}$$

式中，$\Delta \rho$ 为油-水两相密度差；u_r 为连续相的径向速度；μ 为连续相的动力黏度。

1.1.3　电场法

　　电场法是指通过施加外部电场使乳化液中的分散相液滴极化，在液滴的两极产生异种极化电荷，液滴在电场力的作用下发生吸引碰撞，从而有效地促进液滴聚结，使液滴的粒径增大，便于后续分离工艺的实施[10]。外加电场不仅能够促进液滴与液滴间的聚结，还能够促进液滴与界面间的聚结。一般情况下，不相容的液体介质或液滴间的聚结包括三个步骤。首先，液滴相互靠近且由很薄的连续相分开；然后，薄膜的厚度减小使界面面积减少；最后，当薄膜厚度达到临界值时，任何微小的扰动或不稳定使其破裂，从而发生液滴聚结[11]。应用电场可以使薄膜变薄的过程所需时间更短，从而有效地提高聚结效率。电场法的优点是不会对乳化液造成污染，并且能够使粒径较小的分散相液滴迅速聚结变大，从而实现快速破乳。然而，在单独使用电场法进行破乳的条件下，液滴沉降速度较慢。

1.1.4　微波法

　　微波是一种频率为 300MHz～300GHz 的电磁波。利用微波加热具有选择性、加热均匀、温度梯度小以及无滞后效应等特性，对乳化液由内而外进行均匀的加热，乳化液在短时间内达到较高温度，且连续相黏度随着温度的升高而降低，分散相液滴的运动速度加快，同时发生凝聚和聚结，从而有效地促进油-水两相的分离[12]。微波破乳是热效应和非热效应共同作用的结果。对于热效应，根据式（1.1）可知，微波加热使油相的温度快速升高，有效降低了连续相的黏度，提高了水滴的沉降速度，从而有效地加速了油-水两相的分离。同时，由于水比油有更强的吸收微波的能力，水在获能膨胀后使油-水界面膜变薄，油也因受热使其溶解度增加，从而有利于界面膜破裂完成破乳[13]。对于非热效应，主要体现在两个方面：其一，在微波作用下，乳化液中的带电液滴和极性水分子会随电场的变化而变化，发生电荷位移，使两相界面电荷排列顺序被打乱，双电层结构被破坏，有效降低乳化液 Zeta 电位，小水滴所受的约束作用减弱，小水滴之间发生碰撞、聚结，形成更大粒径的液滴，从而实现乳化液的破乳；其二，在微波作用下，非极性的油分子发生磁化，并且形成和油分子轴线成一定夹角的涡旋电场，有效地减小各分子之间的引力，更利于油-水分离[14, 15]。微波破乳具有高效、节能、操作方便、无污染等诸多优点，但是目前还处于探索研究阶段，离大规模工业应用尚有差距[16]。

1.1.5 超声法

超声波是一种频率高于 20kHz 的弹性波，且超声波与介质的作用机制包括热机制和非热机制，而非热机制包括力学机制和空化机制[17, 18]。超声波破乳主要利用其力学机制，利用超声波本身具有的机械振动及热作用对乳化液进行破乳处理[19, 20]。在超声波的作用下，乳化液中的分散相液滴会发生振动并向着波节或波腹运动，液滴间发生碰撞、聚结，从而使液滴粒径增大，进而实现两相分离[14]。超声波的热作用也会降低油-水两相界面膜的强度，升高油液温度使油液黏度降低，均有利于油-水两相的分离。

超声波的声强和频率、时间、油液黏度等均会影响超声波破乳效果，超声波破乳效率高、绿色环保、节能，且可以在常温甚至更低温度下实现破乳[21]。但是，超声波破乳机理尚待进一步研究，且该方法所需的工业化设备较为缺乏。

1.2 物理场分离技术发展趋势

随着国家对资源节约、环境保护方面的日益重视，充分利用各种资源，尽可能减少对环境的污染也已成为各行业追求的目标。物理场分离技术也逐渐向节能环保化方向发展，力求在得到较好分离效果的同时考虑技术的环境友好性，确保分离方法安全、无毒害、高效、节能等[19]。

目前，在分离方法方面，主要根据现有的实际需要对已有的物理场分离技术进行优化和改进[22]。对于重力沉降法，通过在原油设备基础上进行开发得到两种形式的油-水分离器：一是平行板式油-水分离器；二是聚结式油-水分离器。对于平行板式油-水分离器，减小板间距、板材的选择、板材表面润湿性的改造以及设备内部流动特性的改善是其改进和发展的方向；对于聚结式油-水分离器，将重力沉降法与聚结技术相结合可以最大限度地提高分离效率，因此随着油-水分离设备的发展，两者的结合也愈加紧密，在后续发展中，主要是寻求一种可兼顾亲油疏水性、耐腐蚀性、耐老化性和经济性的聚结材料，解决设备内部水力条件不理想的问题[23]。作为一种高效的离心分离技术，旋流分离广泛地应用在各个领域中，且随着各行业对分离及其他方面的要求日益提高，研制高效率、多功能、环保及实用性强的旋流分离设备是其今后的发展方向[24, 25]。目前常见的电场破乳脱水装置主要有交直流电破乳脱水技术及脉冲电场破乳脱水技术。针对不同的应用需求开发新的电脱水器，寻求最佳的电场破乳脱水工艺条件，并通过对环境因素和实际条件的充分考虑，进一步对工艺条件进行优化，以获得较高的电场破乳脱水率[26-28]。对于微波破乳技术，在作用机理方面进行深入研究，逐步完善微波破乳理论；在设备研制方面，通过深入研究微波技术以实现对微波破乳装置温度、压力以及功率的精准控制，且达到辐射均匀、结果误差小的要求，进而设计、开发和制造出使用便捷、价格低廉的微波破乳装置，使微波破乳技术广泛地应用于实际工业生产中[29]。超声波破乳的发展方向与微波法相似：一是对超声波破乳机理进行更加深入的研究，进一步完善超声波破乳的理论基础；二是研制适用于工业生产的大型超声装置[30]。

由于乳化液的破乳难度逐步增加以及各破乳方法自身的局限，采用单一的破乳方法对乳化液进行处理无法达到理想的效果，将两种或两种以上的破乳方法进行优化组合从而协同实现乳化液的破乳处理是未来发展的趋势[31]。例如，电场法与重力沉降法联合、电场法与离心法联合、电场法与超声法联合等[19]。

1.3 多场协同分离方法

将多种物理场进行耦合或集成以实现乳化液的高效破乳脱水处理顺应了未来发展的潮流，同时能够促进破乳技术的革新。在众多的破乳方法中，电场法因具有效率高、能有效促进乳化液液滴粒径增大等特点，常与其他物理场进行联合实现乳化液的破乳脱水。例如，将电场和重力场或离心场联合从而实现乳化液的高效破乳脱水处理。

1.3.1 与电场联合的协同分离方法

1. 电场-重力场破乳脱水方法

电场-重力场破乳脱水方法是指在电场作用下乳化液中的水滴间相互碰撞、聚结变大，粒径增大后的乳化液液滴再在重力的作用下发生沉降[32]。目前，应用该方法研制的装置主要是静电聚结器及电破乳器。例如，康勇等[33]提出了一种 O/W 型乳化液电场破乳装置，其结构如图 1.1 所示。该装置主要包括竖直设置的电极组件和方形外壳。乳化液经乳液进口进入装置内部，经过电场作用后装置上部的油液经出油口排出，装置下部的水经出水口排出。王其明等[34]提出了一种乳化液电场作用装置（图 1.2），主要包括电场作用部分和

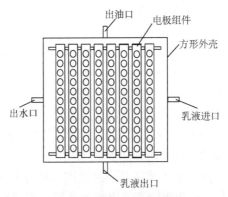

图 1.1 乳化液电场破乳装置结构示意图

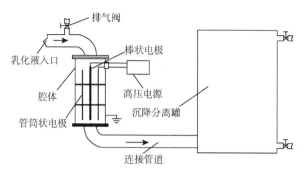

图 1.2 乳化液电场作用装置结构示意图

下游油-水分离部分，其间用管道相连。乳化液经入口端进入管道式腔体内部，在腔体内部电场作用下分散的液滴发生聚并，然后经出口端进入连接管道中，乳化液液滴间进一步发生碰撞、复合，然后进入油-水分离部分（沉降分离罐），在重力作用下发生沉降分离。

田成坤等[35]联合应用同轴圆柱绝缘电极和传统重力式分离器，提出一种新型静电聚结分离器，如图 1.3 所示。乳化液在同轴圆柱形的高强电场作用下实现乳化液液滴的快速聚结，并且经装置内的布液构件进入卧式重力沉降段，乳化液液滴在重力作用下实现进一步分离。此外，Eow 和 Ghadiri[36]提出了一种重力式电聚结分离器，如图 1.4 所示。黄铜锥作为高压电极，黄铜条与中间的黄铜轴接地，且三者是绝缘的。当电源接通后，在黄铜锥与黄铜轴、黄铜条与黄铜锥、黄铜锥底部与水层之间形成高压电场。乳化液进入装置后，在电场和重力的联合作用下发生聚结、沉降分离，并且在黄铜锥底部与水层之间形成的电场能进一步促进液滴的聚结。

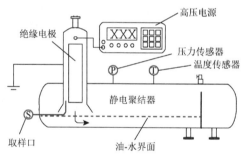

图 1.3 新型静电聚结分离器

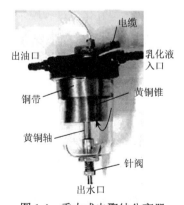

图 1.4 重力式电聚结分离器

2. 电场-离心场破乳脱水方法

乳化液液滴在电场的作用下会发生拉伸变形，使其碰撞的概率增加，从而促进液滴聚结，增大乳化液液滴粒径[37]。具有较大粒径的乳化液液滴因受到较大的离心力快速地从乳化液中分离[38]。电场和离心场可优势互补，从整体上提升乳化液脱水净化处理的效率。对于电场-离心场破乳脱水方法，按照其对乳化液是否同时进行作用可分为两类：一类是结构上耦合的脱水净化装置；另一类是结构上联合的脱水净化装置。

1）结构上耦合的脱水净化装置

结构上耦合是指乳化液可以在电场和离心场的同时作用下实现粒径变化及快速分离处理，即处于双场中的乳化液液滴可同时受到电场力和离心力的作用。离心力通常由乳化液的高速旋转运动产生。根据旋流产生的方式也可将该类脱水净化装置分为旋转式和非旋转式。

（1）旋转式。

对于结合电场和离心场进行破乳处理的技术，Bailes 和 Watson[39]开展了早期的研究工作，并于 1994 年提出了一种连续旋转静电破乳器，如图 1.5 所示。乳化液可在电场和离心场联合作用下实现有效的脱水净化处理。

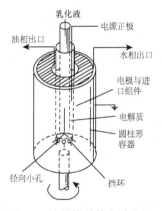

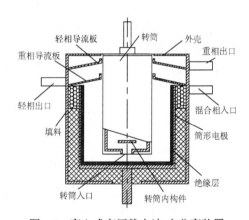

图 1.5　连续旋转静电破乳器　　　　　图 1.6　离心式高压静电油-水分离装置

类似地，清华大学毛宗强[40]提出一种离心式高压静电油-水分离装置，如图 1.6 所示，该装置通过联合静电场与离心场对 O/W 型乳化液进行脱水处理，其中离心场由转筒旋转产生，外部筒形电极与转筒壳体之间形成静电场。冯永训等[41]也提出了一种电场与离心场相结合的脱水装置，如图 1.7 所示。装置的离心腔在外部电机的驱动下绕空心轴转动，形成离心场。在离心腔内部设有交错的分离电极板，当施加外部电压时在分离电极板间形成高压电场。待处理的乳化液经离心腔中部的布液器进入离心腔内部，在电场与离心场的联合作用下，低含水体积分数油液从集油器流出，大部分的水经离心腔底部的集水器流出，实现了油-水的高效分离。此外，徐进[42]提出了一种带驱动叶轮的旋流式电脱水装置，如图 1.8 所示。装置内部安装驱动叶轮，同一中心轴线上安装集油管，集油管上交错排列伞状的电极板，集油管上部的电极板与高压交流电源相连，集油管下部的电极板与直流电源相连。进入装置的乳化液在驱动叶轮高速旋转下做快速的旋转运动，从而使乳化液液滴受到较强的离心力作用，同时，液滴在内部还受到电场的作用。液滴在电场作用下碰撞并聚结变大，具有较大粒径的水滴在离心力的作用下向装置的壁面运动，并沿着壁面向装置底部流动，最后经出水管流出；大量的油聚集在装置的中心区域，经集油管和出油管排出。

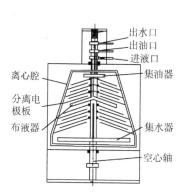

图 1.7　电场与离心场相结合的脱水装置

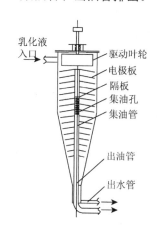

图 1.8　带驱动叶轮的旋流式电脱水装置

　　旋转式联合脱水净化装置除了同时对乳化液进行作用外，还具有可控性，即可通过控制离心设备变换对乳化液的处理方式。例如，王永伟等[43]设计的离心-脉冲电场联合破乳装置，如图 1.9 所示。电极与转鼓之间形成脉冲电场，转鼓的高速转动形成离心场。乳化液从下往上流动进入离心场与脉冲电场中，分散相液滴发生聚结、离心分离。该装置可通过控制转鼓使脉冲电场和离心场单独作用、联合作用或耦合作用。类似地，冯永训等[44]提出了一种离心电场分离装置，如图 1.10 所示。转鼓在电机驱动下旋转，从而使其内部乳化液受到离心力的作用，转鼓的中心插有一个电极，通电后电极与转鼓外壁的空间中形成电场。在电场和离心场的联合作用下，转鼓中乳化液的油-水两相逐渐分离，在壁面附近区域聚集了大量的水，在中心区域聚集了大量的油，且水从转鼓的底部进入下三通法兰并经重相出口排出，油从转鼓的上部进入上三通法兰并经轻相出口排出，从而实现油-水两相的高效分离。该装置也可以对乳化液分别施加电场作用或离心场作用。

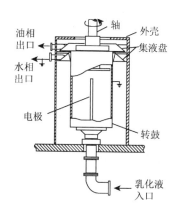

图 1.9　离心-脉冲电场联合破乳装置

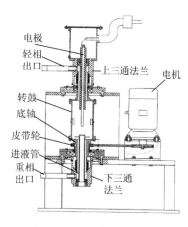

图 1.10　离心电场分离装置

（2）非旋转式。

非旋转式脱水净化装置内部乳化液的旋转流动由装置的结构决定，具有无活动部件、占用空间小等优点。Ghadiri 和 Eow[45]于 2001 年研制了一种离心式电聚结分离器，如图 1.11 所示，它将脉冲直流电场与离心场相组合进行乳化液破乳。Tienhaaraa 和 Lammers[46]提出了一种利用交变电场和旋流运动进行乳化液分离的静电聚结器，如图 1.12 所示。管状装置的入口处安装螺旋导叶，每两个螺旋导叶互不相连且分别与交变电源的正负极相连，出口处设有内管，且与其对应的外管部分之间有较小的空腔，下侧的外管下方开有一个出口。乳化液进入静电聚结器的内部，在螺旋导叶的作用下，乳化液做旋转运动，且螺旋导叶间有交变电场，分散相液滴在液流的旋转运动和电场作用下发生有效的聚结，从而使液滴粒径增大。然后水相经外管下方的排水口流出，处理后的乳化液经水平方向的排油口排出。Adamski 等[47]提出了一种同时利用离心场与电场对乳化液进行聚结分离的系统与工艺，其主要通过离心场与电场的同时作用使乳化液中乳化水聚结，然后利用分离器进行有效分离。他们认为，与单独使用任何一种乳化液聚结技术相比，将各种乳化液聚结技术进行协同组合更能有效地促进乳化水滴形成水的连续相。

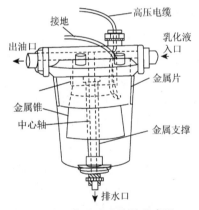

图 1.11　离心式电聚结分离器

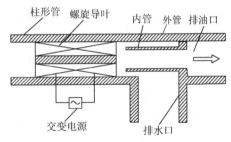

图 1.12　静电聚结器

黄万抚等[48]提出一种乳化液离心-脉冲电场连续破乳器，如图 1.13 所示。该装置由脉冲高压电源发生器以及破乳器器体两部分组成。破乳器器体则由两个圆心相同的电绝缘圆筒构成。内筒装有内电极，外筒装有外导电极，两电绝缘圆筒中间区域装有电解质溶液。当脉冲高压电源发生器与电极接通时，两电绝缘圆筒之间形成同心圆柱形脉冲电场。经切向入口压入破乳器的乳化液在电绝缘圆筒内部会产生旋流运动，从而产生离心场。同时，乳化液也处于高压电场中。因此，乳化液在电场与离心场联合作用下进行处理，极大地强化了对乳化液的破乳效果。

冯永训等[49]于 2008 年提出了一种将电场和旋流离心场进行结合的原油脱水方法，其主要方案是改进旋流器的结构尺寸，并且在旋流器的出油管中心插入一根电极或直接延伸出油管作为电极，将高频脉冲脱水装置与电极相连，旋流器壳体与地线相连，通电后电极与旋流器壳体间形成电场。进入旋流器内部的乳化液在电场和旋流离心场的作用下实现小水滴的聚结与两相流的分离。

类似地，徐进[50]将水力旋流技术和直流电脱水技术进行结合，提出一种直流电型水力旋流器。其构想是在脱水型旋流器的中心轴线上插入一个电极，并通过导线与电源正极相连接，旋流器的壁面接地。这样，进入装置的乳化液在直流电场作用下发生聚结，且可以在离心场作用下快速地将油-水进行分离。在整个分离过程中，水滴向底部流动减小了发生短路的概率。在此基础上，他提出了一种旋流式原油电脱水器，如图 1.14 所示[51]。旋流器内部设有一个较长的溢流管，且在溢流管上交错地排列电极板，溢流管上部的电极板之间可形成交变电场，溢流管下部可形成直流电场。乳化液进入旋流器内部，在两种电场的作用下油中的水滴逐渐变大，并在离心场作用下向旋流器壁面运动，大部分的水经底部流出；油相经溢流管进入集油室并经出油口排出，从而实现原油乳化液的高效脱水。该装置具有效率高、体积小、时间短等优点。

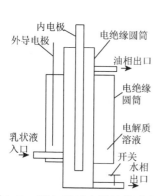

图 1.13 离心-脉冲电场连续破乳器

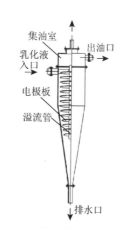

图 1.14 旋流式原油电脱水器

龚海峰和彭烨[52]提出了一种润滑油多场联合脱水净化装置。该装置包括一个双场耦合单元，如图 1.15 所示。该单元将高压脉冲电场和旋流离心场进行耦合实现乳化液的快速脱水处理[53]。

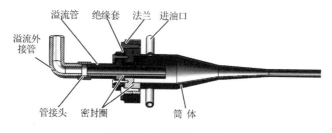

图 1.15 双场耦合单元

2）结构上联合的脱水净化装置

结构上联合是指乳化液可以在电场作用下实现粒径变化后，再在离心场的作用下实现乳化液的快速净化处理。Noik 和 Trapy[54]提出了一种静电聚结和离心联合作用的分离装置，如图 1.16 所示。该装置主要包括静电聚结段、离心段和分离段。在静电聚结段，内外电极与电源相连，且在其间形成柱形电场；在离心段，设计有螺旋壁，且螺旋壁与内管相连，与外管留有间隙，离心段的入口处设计为锥形；在分离段，与外管相连处设有一个锥形口，且底部设有一个水相出口。当乳化液进入装置的静电聚结段时，乳化液液滴在电场作用下充分聚结使其粒径增大，经锥形口增大了进入分离段的入口流速，然后在螺旋壁面内做离心运动，使乳化液液滴在离心场的作用下向外壁面运动，分离出的水相由分离段的锥形口流出，在锥形装置的作用下，少部分水从底部水相出口排出，大部分油液经装置的中心流道排出。他们采用数值模拟的方法研究了乳化液液滴粒径对装置分离效率的影响，发现当入口流速为1000L/h、具有较小液滴直径（0.01mm）时，分离效率稳定在87%左右。

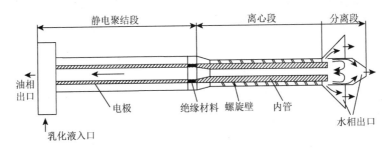

图 1.16　静电聚结和离心联合作用的分离装置示意图

胡康等[55]提出了一种联合静电聚结和旋流分离的柱状旋流电脱水装置，如图 1.17 所示。乳化液经入口进入装置内部，粒径较大的分散相液滴在旋流段内的离心作用下向壁面运动，并沿着壁面向底部流动，经出水口排出；粒径较小的液滴随着油液一起进入静电聚结段，在电场作用下发生聚结变大并沉降到旋流段内再次实现离心分离，同时，经沉降分离后的油液从出油口流出。赵崇卫等[56]也研制了一种聚结耦合水力旋流组合设备，如图 1.18 所示。乳化液首先在聚结器内使分散相液滴粒径变大，然后进入旋流器中实现高效分离。该设备具有处理效率高、运行性能稳定等特点。

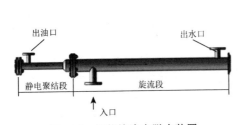

图 1.17　柱状旋流电脱水装置

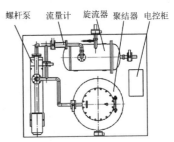

图 1.18　聚结耦合水力旋流组合设备

3. 电场与其他场联合的破乳脱水方法

除了以上提到的电场与重力场或离心场联合进行破乳，电场还可与其他场进行耦合集成实现乳化液的快速破乳脱水处理。例如，王龙祥等[57]提出将电场与重力、机械能作用进行有效衔接，从而提高油-水乳化液的破乳分离效率、效果。乳化液在电场和重力作用下发生分层并存在两相界面区域。由于乳化层的性质不同，在界面区域的电场作用受到影响，从而不利于油-水两相的高效分离。将机械能的作用施加到电场中可以有效地消除乳化层对电场作用的影响，使电场作用更加充分，破乳脱水率提高。他们根据该思路提出了一种带搅拌电极的电场分离装置，如图 1.19 所示。乳化液经进料管线进入电场分离罐中，然后在固定电极和转动电极间的电场作用下发生聚结、分层，同时通过转动电极的旋转加强搅拌对乳化液的机械破乳作用，最后上层的油液经出料管线排出，下层的水经底部的出水口排出。对于无法分层的乳化液经乳液排放管线排出罐体，另作其他处理。娄世松等[58]将电场与重力、微波进行联合实现破乳脱水处理，提出了如图 1.20 所示的微波强化静电脱水工艺流程。乳化液进入带法兰管，在带法兰管内部的电场和微波的共同作用下快速破乳，然后进入电脱水罐中实现两相的快速分离。

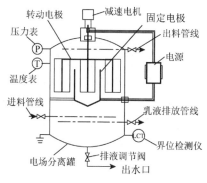

图 1.19 电场分离装置示意图

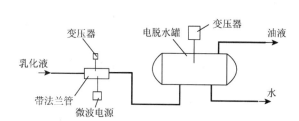

图 1.20 微波强化静电脱水工艺流程

类似地，耿连瑞等[59]提出在电脱水罐前设置一个超声波破乳装置，从而通过电场、超声波和重力对乳化液进行破乳脱水处理，如图 1.21 所示。乳化液进入超声波破乳装置中，并在超声波的空化效应作用下破乳，然后进入电脱水罐中进行深度脱水处理。此外，宋友和包德才[60]研究了研磨和电场联合作用下乳化液的破乳，发现研磨和电场联合破乳比单独研磨破乳或单独电场作用下的破乳效果更佳。

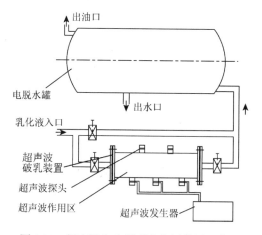

图 1.21 超声波和电场联合作用装置示意图

1.3.2　其他物理场协同分离方法

乳化液的破乳脱水方法，除上述含电场法的联合处理方法外，还包括超声波-离心法、微波-离心法、离心-膜破乳法以及加热-离心法等。其中，超声法的完全破乳过程所需时间较长，离心法可以较大程度地缩短完全破乳时间，但需要较高的转速。基于超声法、离心法的特点，翁燕玲等[61]提出将超声法和离心法联合作用于乳化液实现分离处理，并且通过超声、离心联合破乳实验发现联合作用下乳化液可以在较小的转速下实现快速破乳。针对单独采用离心法破乳效果不理想以及加热法的能耗高、耗时长的问题，姜承志等[62]在研究中采用加热-离心法，通过加热和离心两种方法联合进行破乳实验，发现联合方法不仅破乳效果理想，而且处理时间短、能耗低。

类似地，刘尚超等[63]将微波法和离心法进行结合提出了一种离心微波联合破乳装置，如图 1.22 所示。该装置主要包括离心转筒和微波发生器两部分，通过离心转筒的高速旋转使乳化液液滴受到离心作用，微波发生器在转筒区域内产生一定的微波。装置工作时，乳化液经乳化液输入管进入离心转筒，在微波和离心力的作用下，乳化液液滴发生振动、碰撞、聚结，从而有效地增大液滴的粒径，在离心力的作用下油-水两相逐渐分离，在离心转筒内形成聚集于离心转筒中心区域的油层和靠近边壁区域的水层，最后油和水经各自的出口排出。

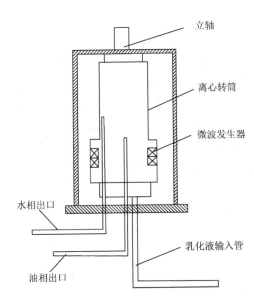

图 1.22　离心微波联合破乳装置

此外，李好义等[64]提出了一种离心结合动吸附的油-水分离装置，该装置利用过滤网膜对乳化液进行破乳，然后结合离心作用使油-水两相快速分离。如图 1.23 所示，该装置主要有旋转装置、油-水分离装置、取向纳米纤维吸油管和收集装置（由排水筒和储油筒组成）。乳化液进入油-水分离装置中，在油-水分离装置旋转提供的离心力作用下，含油体积分数较高的乳化液则被挤向内侧与破乳过滤网膜接触，在经破乳过滤网膜破乳后油液进入纳米纤维吸油棉层中，最终进入储油筒中；水相则向壁面运动并经出水口排出，从而实现油-水相分离。

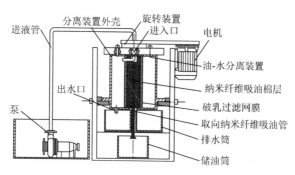

图 1.23　离心结合动吸附的油-水分离装置

1.4　本书的主要结构

第 1 章简要阐述常用的物理场分离方法及其发展趋势；针对其中的重要发展趋势（联合多种破乳技术从而协同实现乳化液的破乳处理），分别对电场和重力场、电场和离心场、电场和其他物理场以及其他场之间的协同分离处理等多场耦合方法的发展现状进行简要论述。

第 2 章提出将电场和旋流离心场进行耦合实现乳化液的高效破乳脱水处理的工艺流程，并以其中的主要作用单元——双场耦合破乳脱水单元（简称双场耦合单元）为研究对象，采用一种基于用户自定义的双场耦合分析方法，实现电场和旋流离心场的耦合模拟计算，分析双场耦合单元内部流体域的速度分布，研究其分离特性。在此基础上，通过分析各种参数及参数间的交互影响对分离特性的影响，研究双场耦合单元的系统参数匹配。同时，搭建耦合分离实验平台，进行废油乳化液的破乳脱水实验。

第 3 章仍以电场和旋流离心场为主，提出将两场进行串联实现乳化液高效分离的工艺流程，并针对工艺中两个重要作用单元——电场脱水单元和旋流离心分离单元，首先对电场脱水单元中涉及的动力学行为以及单元结构和尺寸进行研究和设计，然后通过分析各种结构参数及系统参数条件下旋流离心分离单元的分离特性，对单元结构尺寸进行优化设计，最后通过试制两作用单元，搭建双场联合破乳脱水实验平台，进行废油乳化液的油-水分离实验。

第 4 章进一步考虑温度对乳化液破乳脱水的影响，研究三场协同破乳脱水单元的分离特性。以第 2 章中提出的双场耦合单元为研究对象，采用数值仿真方法研究温度变化以及特定温度下各系统参数对双场耦合单元分离的影响，探讨三场协同破乳脱水单元的分离特性。此外，还开展相关破乳脱水实验，验证三场协同破乳脱水单元确定最佳系统参数的可行性。

　　第5章提出将多场耦合分离技术应用到三相分离中，首先通过改进双场耦合仿真模型提高耦合模拟结果的合理性，接着利用改进后的模型对耦合单元的系统分离特性及工作参数调控进行仿真分析，然后建立三相分离的耦合模型，通过分析不同设计参数条件下耦合单元具备的分离固体的能力，确定单元的几何尺寸，最后利用研制的装置开展分离实验，验证三相分离仿真模型分析的合理性。

参 考 文 献

[1]　安秀林，李庆忠. 乳状液稳定性的影响因素和表达[J]. 张家口农专学报，2003，19（3）：29-31.

[2]　赵麦玲，邓义林. 废润滑油再生工艺技术[J]. 化工设计通讯，2017，43（1）：53-55.

[3]　龚海峰，张贤明，杨智君，等. 废油双场耦合破乳装置与结构优化[J]. 流体机械，2016，44（11）：49-52.

[4]　Zolfaghari R, Fakhru'l-Razi A, Abdullah L C, et al. Demulsification techniques of water-in-oil and oil-in-water emulsions in petroleum industry[J]. Separation & Purification Technology，2016，170（1）：377-407.

[5]　潘诗浪，张贤明，吴峰平. W/O 乳化液破乳方法及机理研究[J]. 重庆工商大学学报（自然科学版），2010，27（2）：158-163.

[6]　陆耀军. 油水重力分离过程中的液滴动力学分析[J]. 油气田地面工程，1998（4）：1-5.

[7]　赵立新，李金玲. 旋流器分散相液滴受力分析[J]. 石油机械，1999（5）：24-27.

[8]　Bennett M A, Williams R A. Monitoring the operation of an oil/water separator using impedance tomography[J]. Minerals Engineering，2004，17（5）：605-614.

[9]　曹仲文，袁惠新. 旋流场中分散相颗粒运动特性分析[J]. 矿山机械，2006（10）：80-82.

[10]　王亮，冯永训，董守平，等. 电场破乳分散相液滴行为研究[J]. 实验流体力学，2010，24（2）：28-33.

[11]　Eow J S, Ghadiri M, Sharif A O, et al. Electrostatic enhancement of coalescence of water droplets in oil: A review of the current understanding[J]. Chemical Engineering Journal，2001，84（3）：173-192.

[12]　刘晓艳，楚伟华，李清波，等. 微波技术及微波破乳实验[J]. 东北石油大学学报，2005，29（3）：96-98.

[13]　陆洋. 油水乳状液微波与超声波破乳研究[D]. 北京：中国石油大学（北京），2017.

[14]　陆洋. 物理法原油破乳研究进展[J]. 当代化工，2016，45（5）：946-948.

[15]　孔祥军，马玲，李磊，等. 原油微波破乳技术研究进展[J]. 炼油与化工，2011（5）：6-8.

[16]　王慧，程丽华，王平，等. W/O 型乳状液破乳技术进展[J]. 应用化工，2012，41（8）：1434-1438.

[17]　郑琳琳. 超声波破乳技术适用性分析[J]. 化学工程与装备，2017（1）：71-72.

[18]　赵双霞，张义玲，张红宇，等. 超声波辅助原油破乳研究进展[J]. 齐鲁石油化工，2010，38（2）：151-154.

[19]　陈和平. 破乳方法的研究与应用新进展[J]. 精细石油化工，2012，29（5）：71-76.

[20]　Khmelev V N, Shalunov A V, Barsukov R V, et al. Studies of ultrasonic dehydration efficiency[J]. Journal of Zhejiang University-Science A（Applied Physics & Engineering），2011，12（4）：247-254.

[21]　祁高明，吕效平. 超声波原油破乳研究进展[J]. 化工时刊，2001，15（6）：11-14.

[22]　王帅，于双，洪帅，等. 油水乳状液破乳技术研究进展[J]. 当代化工，2017，46（1）：137-140.

[23]　万楚筠，黄凤洪，廖李，等. 重力油水分离技术研究进展[J]. 工业水处理，2008，28（7）：13-16.

[24]　肖学. 水力旋流器应用的现状及发展趋势[J]. 化工设备与管道，2018，55（3）：37-41.

[25]　鲁家驹. 旋流分离技术的现状与应用前景[J]. 中国石油和化工标准与质量，2012，32（6）：118.

[26]　Mhatre S, Vivacqua V, Ghadiri M, et al. Electrostatic phase separation: A review[J]. Chemical Engineering Research & Design，2015，96：177-195.

[27]　丁艺，陈家庆. 高压脉冲 DC 电场破乳技术研究[J]. 北京石油化工学院学报，2010，18（2）：27-34.

[28]　戴恩泽. 原油电脱水技术研究进展[J]. 中国石油企业，2015（1）：119-120.

[29]　潘圆圆，吕守鹏，孟祥鹏，等. 微波处理原油乳化液的进展[J]. 水处理技术，2012，38（9）：5-9.

[30]　刘朴茂. 超声波技术在石油化工领域的研究进展[J]. 化学工程与装备，2012（7）：131-133.

[31] Peng Y, Liu T, Gong H F, et al. Dehydration of emulsified lubricating oil by three fields: Swirl centrifugal field, pulse electric field and vacuum temperature field[J]. Applied Petrochemical Research, 2016, 6 (4): 389-395.

[32] 仲跻峰, 刘锦伟, 司杰, 等. 高效电脱技术的工作原理及应用[J]. 中国新技术新产品, 2011 (8): 121.

[33] 康勇, 任博平, 张景源. 一种水包油乳状液电场破乳装置: 中国, 201710661395.3 [P]. 2019-2-26.

[34] 王其明, 曹立新, 汤国威, 等. 一种乳化液电场作用装置及其单元: 中国, 200920024102.1 [P]. 2010-2-17.

[35] 田成坤, 吕宇玲, 何利民, 等. 新型静电聚结分离器油-水分离特性[J]. 石油学报 (石油加工), 2015, 31 (4): 930-938.

[36] Eow J S, Ghadiri M. Electrocoalesce-separators for the separation of aqueous drops from a flowing dielectric viscous liquid[J]. Separation & Purification Technology, 2002, 29 (1): 63-77.

[37] Yang D H, Xu M H, He L M, et al. The influence and optimisation of electrical parameters for enhanced coalescence under pulsed DC electric field in a cylindrical electrostatic coalescer[J]. Chemical Engineering Science, 2015, 138: 71-85.

[38] Cao Y Q, Jin Y, Li J, et al. Demulsification of the phosphoric acid-tributyl phosphate (W/O) emulsion by hydrocyclone[J]. Separation and Purification Technology, 2016, 158: 387-395.

[39] Bailes P J, Watson M. Separation of the components of liquid dispersions: US, 5352343 A[P]. 1994-10-4.

[40] 毛宗强. 新型静电破乳设备: 中国, 94200766.2 [P]. 1994-11-23.

[41] 冯永训, 张建, 赵海培, 等. 电场与离心场结合的原油脱水装置: 中国, 200910015543.X [P]. 2009-10-28.

[42] 徐进. 带驱动叶轮的旋流式电脱水装置: 中国, 201510031146.7 [P]. 2015-4-29.

[43] 王永伟, 张杨, 王奎升, 等. 新型离心-脉冲电场联合破乳装置的设计[J]. 流体机械, 2009, 37 (11): 15-18.

[44] 冯永训, 张建, 郭长会, 等. 离心电场分离装置: 中国, 201020111253.3 [P]. 2012-4-4.

[45] Ghadiri M, Eow J S. Separating components of liquid/liquid emulsion using electrostatic force: UK, 2977397[P]. 2001-1-15.

[46] Tienhaaraa M K S, Lammers F A. Electrostatic coalescer and method for electrostatic coalescence: US, 9751092 B2[P]. 2017-9-5.

[47] Adamski R P, Bethke G K, Kini G C, et al. Systems and processes for separating emulsified water from a fluid stream: US, 2016/0097005 A1 [P]. 2018-10-16.

[48] 黄万抚, 王淀佐, 周永明, 等. 乳状液旋流脉冲高压静电连续破乳器: 中国, 01277410.3 [P]. 2002-9-4.

[49] 冯永训, 张建, 郭长会, 等. 一种电场与旋流场有机结合的原油脱水方法: 中国, 200810138697.3 [P]. 2010-2-3.

[50] 徐进. 利用直流电场提高水力旋流器脱水效率[J]. 科技信息, 2009 (23): 496-497.

[51] 徐进. 一种旋流式原油电脱水器: 中国, 201510011198.8 [P]. 2015-4-22.

[52] 龚海峰, 彭烨. 润滑油多场联合脱水净化装置: 中国, 201310266190.7 [P]. 2013-9-11.

[53] 龚海峰, 余保, 戴飞, 等. 电场对乳化废油双场耦合分离影响的数值分析[J]. 石油学报 (石油加工), 2019, 35 (1): 133-141.

[54] Noik C, Trapy J. Separation device and method comprising a tubular electrocoalescer: US, 6702947 B2 [P]. 2004-3-9.

[55] 胡康, 何利民, 张鑫儒, 等. 柱状旋流电脱水器分离性能实验研究[J]. 石油化工高等学校学报, 2017, 30 (4): 20-24.

[56] 赵崇卫, 王春刚, 龚建, 等. 聚结耦合水力旋流组合设备的研制[J]. 石油机械, 2018 (1): 83-87.

[57] 王龙祥, 刘祖虎, 蒋长胜. 一种带搅拌电极的电场分离装置: 中国, 201720609218.6 [P]. 2017-9-19.

[58] 娄世松, 党文治, 宋玉峰. 一种微波强化静电原油脱水装置: 中国, 201510015260.0 [P]. 2015-4-22.

[59] 耿连瑞, 刘万治, 王歌玮, 等. 原油电场脱水的超声波破乳装置: 中国, 97247972.4 [P]. 1998-11-4.

[60] 宋友, 包德才. 利用单滴法对研磨和电场联合破乳机理的研究[J]. 河北大学学报 (自然科学版) 1997 (1): 85-88.

[61] 翁燕玲, 金央, 李军, 等. 超声与离心联用对乳状液破乳的研究[J]. 化学工程师, 2013, 27 (10): 4-6.

[62] 姜承志, 佟星, 夏文喜, 等. 乳状液膜法破乳及膜相重复利用研究[J]. 沈阳理工大学学报, 2014, 33 (4): 6-9.

[63] 刘尚超, 薛庆凤, 黄建阳, 等. 一种离心微波联合破乳装置: 中国, 201320638188.3 [P]. 2014-3-26.

[64] 李好义, 王循, 秦永新, 等. 一种离心结合动吸附的油水分离装置: 中国, 201711210408.1 [P]. 2018-3-16.

第2章 电场-旋流离心场耦合分离技术

针对含水体积分数高、成分复杂的废油乳化液,本章提出将电场和旋流离心场进行耦合实现乳化液的高效破乳脱水处理。电场作用使乳化液中的分散相液滴快速聚结变大,旋流离心场代替重力场快速地实现油-水分离。旋流离心场的分离效果与分散相液滴的粒径紧密相关,且一般情况下,增大粒径有利于液滴的快速有效分离,而电场的施加恰能有效促进液滴粒径的增加,因此将电场与旋流离心场耦合是"优势互补"的,能够达到废油乳化液高效脱水的目的。

本章以脱水型旋流器为本体结构,并将高压电场巧妙地嵌入本体结构中构成破乳脱水单元。对于该单元,不仅需要考虑旋流离心场对废油乳化液中分散相液滴的作用,而且要考虑高压电场的影响。目前,与双场耦合破乳脱水相关的研究方法和分析手段还鲜有报道。本章以双场耦合单元为研究对象,借助计算流体力学(computational fluid dynamics,CFD)软件FLUENT仿真计算平台,通过其提供的用户自定义函数(user defined function,UDF)进行功能扩展,结合各控制方程,编译扩展程序代码并加载到仿真平台中,实现电场和旋流离心场的耦合模拟计算。通过仿真计算,分析双场耦合单元内部流体域的速度分布,研究其分离特性。在此基础上,通过分析各种参数及参数间的交互影响对分离特性的影响,研究双场耦合单元的系统参数匹配。同时,搭建耦合分离实验平台,进行废油乳化液的破乳脱水实验。

2.1 工 艺 流 程

双场耦合装置的工作流程如图2.1所示。当双场耦合装置工作时,通过单螺杆泵的运行,乳化液经过进油阀进入粗滤器中,在粗滤器的作用下滤除乳化液中的固体杂质,这有利于保护装置中的泵。经过粗滤器后的乳化液进入单螺杆泵中,经泵的升压作用达到双场耦合单元正常工作所需要的工作压力。在双场耦合单元与单螺杆泵之间的管路设有压力表,这用于监控双场耦合单元进油路上的工作压力,从而保证双场耦合单元有较好的工作效果。在同一管路上还设有流量计,用于监控双场耦合单元进油路的流量,确保双场耦合单元入口流速为实验设定值。此外,在进油路上还设有三通,这可以使经泵的出油口流出的乳化液经三通分流后以同等的入口流速进入双场耦合单元中,保证入口流速的一致。在双场耦合单元的作用下,乳化液中的分散相液滴发生快速聚结、分离,含水体积分数较低的油液经双场耦合单元的溢流口排出;含油体积分数较低的水经双场耦合单元的底流口排出。经溢流口排出的液流进入容积为70L的溢流罐中;经底流口排出的液流进入容积为23L的底流罐中。在溢流口与溢流罐中的管路上设有压力表,用于检测溢流口处的压力;在底流口与底流罐中的管路上也设有压力表,可用于检测底流口处的压力,同时在管路上还设有进油阀。通过调节此处的进油阀可以实现对双场耦合单元分流比的调节与设定。此外,底流罐还设有与单螺杆泵的进油口相连的回路,这可以使底流罐中的液流再次进入双场耦合单元中进行进一步的脱水处理。

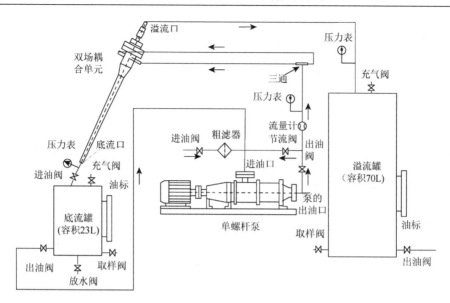

图 2.1　双场耦合装置工作流程

在溢流罐和底流罐中均设有取样阀,可以实时地对罐中的液流进行取样检测,从而对双场耦合单元的脱水效果进行实时评定,并及时调整工作参数使双场耦合装置的工作效果更好。当给定的工业废油含水体积分数较高时,可将高压电源关闭,只开启与旋流分离相关的阀门,使得乳化液在旋流器的作用下进行预处理;经过取样检测,油液的含水体积分数达到双场耦合脱水处理的工作条件时,开启高压电源,使乳化液在双场耦合作用下分离,从而实现乳化液的脱水净化处理。

2.2　电场-旋流离心场耦合分离模型

2.2.1　单元模型

双场耦合单元模型如图 2.2 所示,其主要由直管段、大锥段、小锥段、底流段等部分组成。双场耦合单元采取圆柱形双入口形式,且与旋流腔相切。乳化液从入口以相同的流速进入双场耦合单元内部,在内部强旋流及高压电场耦合作用下实现油-水两相的高效分离。轻质的油相从双场耦合单元的溢流口流出,水相则从双场耦合单元的底流口流出。由

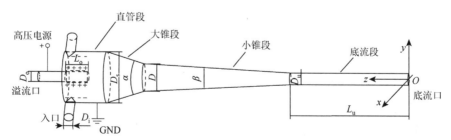

图 2.2　双场耦合单元模型

于以伸入段壁面（图 2.2 中"+"号）为电源的正极，与其对应的入口旋流腔外壁面指定为电源的负极。在双场耦合单元中，同轴圆柱形的高压电场在轴向上的尺寸即溢流管伸入长度。数值模型采用的坐标系为笛卡儿坐标系，且以底流口的中心为原点，沿着轴线并指向溢流口为 z 轴正向。双场耦合单元的结构参数如表 2.1 所示。

表 2.1　双场耦合单元结构参数

参数	D/mm	D_i/mm	D_o/mm	L_o/mm	α/(°)	β/(°)	D_u/mm	D_s/mm	L_u/mm
值	26	12	18	45	20	3	10	70	400

2.2.2　控制方程

1. 流场控制方程

1）多相流模型

对于油-水两相流，欧拉-欧拉方法有流体容积（volume of fluid，VOF）模型及经过简化的混合（Mixture）模型[1]。两种模型在对两相流进行模拟分离时都可以获得较好的模拟效果。与 VOF 模型相比，Mixture 模型的主要特点为：①各相间是可以相互贯穿的；②各相的速度可以不相同[2]。Mixture 模型所需的计算时间比 VOF 模型短，且更适用于多相流的分离计算模拟。Mixture 模型通过求解混合相的连续性方程、动量守恒方程、分散相的体积分数方程和相对速度的代数方程来模拟多相混合的流场[3]。Mixture 模型适用于模拟强烈耦合的各向同性多相流以及各相以相同或不同速度运动的多相流；且该模型的计算稳定性好，尤其适用于在各种体积力作用下的离子或液滴的分离计算，因此可应用于离心-脉冲电场耦合模型的数值模拟计算。

Mixture 模型求解的方程包括混合相的连续性方程、动量守恒方程、相对速度与漂移速度方程以及分散相的体积分数方程。当各相间存在相对速度时，该模型还求解相对速度的代数表达式。这些方程的具体表达如下。

（1）连续性方程。

$$\frac{\partial \rho_m}{\partial t} + \nabla \cdot (\rho_m \boldsymbol{v}_m) = 0 \tag{2.1}$$

$$\rho_m = \sum_{k=1}^{n} \alpha_k \rho_k \tag{2.2}$$

$$\boldsymbol{v}_m = \frac{\sum_{k=1}^{n} \alpha_k \rho_k \boldsymbol{v}_k}{\rho_m} \tag{2.3}$$

式中，α_k 为第 k 相的体积分数，%；ρ_k、ρ_m 分别为第 k 相、混合相的密度，kg/m³；$\boldsymbol{v}_m$ 为平均速度，m/s；$\boldsymbol{v}_k$ 为第 k 相的速度，m/s；n 为相的数量。

（2）动量守恒方程。

$$\frac{\partial}{\partial t}(\rho_m \boldsymbol{v}_m) + \nabla \cdot (\rho_m \boldsymbol{v}_m \boldsymbol{v}_m) = -\nabla p + \nabla \cdot \tau + \rho_m \boldsymbol{g} + \boldsymbol{F}_e + \nabla \cdot \left(\sum_{k=1}^{n} \alpha_k \rho_k \boldsymbol{v}_{dr,k} \boldsymbol{v}_{dr,k} \right) \tag{2.4}$$

$$\tau = \mu_{\mathrm{m}} \left[\nabla \boldsymbol{v}_{\mathrm{m}} + \left(\nabla \boldsymbol{v}_{\mathrm{m}} \right)^{\mathrm{T}} \right] \tag{2.5}$$

$$\mu_{\mathrm{m}} = \sum_{k=1}^{n} \alpha_k \mu_k \tag{2.6}$$

$$\boldsymbol{v}_{\mathrm{dr},k} = \boldsymbol{v}_k - \boldsymbol{v}_{\mathrm{m}} \tag{2.7}$$

式中，$\boldsymbol{F}_{\mathrm{e}}$ 为外部体积力，N；p 为压力，Pa；τ 为黏性应力张量；$\boldsymbol{g}$ 为重力加速度，m/s²；μ_k、μ_{m} 分别为第 k 相、混合相的黏度，Pa·s；$\boldsymbol{v}_{\mathrm{dr},k}$ 为分散相 k 的漂移速度，m/s。

（3）相对速度与漂移速度方程。

相对速度定义为分散相（p）的速度与初始相（q）速度的差值，其表达式如下：

$$\boldsymbol{v}_{pq} = \boldsymbol{v}_p - \boldsymbol{v}_q \tag{2.8}$$

第 k 相的质量分数为

$$c_k = \frac{\alpha_k \rho_k}{\rho_{\mathrm{m}}} \tag{2.9}$$

漂移速度与相对速度之间的关系如下：

$$\boldsymbol{v}_{\mathrm{dr},p} = \boldsymbol{v}_{pq} - \sum_{k=1}^{n} c_k \boldsymbol{v}_{qk} \tag{2.10}$$

相对速度的代数表达式可以与 Mixture 模型进行联立求解，其形式为

$$\boldsymbol{v}_{pq} = \frac{\tau_p}{f_{\mathrm{drag}}} \frac{\rho_p - \rho_{\mathrm{m}}}{\rho_p} \boldsymbol{a} \tag{2.11}$$

$$\tau_p = d_p^2 \rho_p / (18 \mu_q) \tag{2.12}$$

式中，τ_p 为颗粒松弛时间；μ_q 为连续相的黏度；d_p 为分散相 p 的颗粒（液滴或气泡）直径，mm；ρ_p 为分散相 p 的密度，kg/m³；f_{drag} 为曳力系数，其经验关系式如下：

$$f_{\mathrm{drag}} = \begin{cases} 1 + 0.15 Re^{0.687}, & Re \leqslant 1000 \\ 0.0183 Re, & Re > 1000 \end{cases} \tag{2.13}$$

$\boldsymbol{a}$ 为加速度，其表达式为

$$\boldsymbol{a} = \boldsymbol{g} - \left(\boldsymbol{v}_{\mathrm{m}} \cdot \nabla \right) \boldsymbol{v}_{\mathrm{m}} - \frac{\partial \boldsymbol{v}_{\mathrm{m}}}{\partial t} \tag{2.14}$$

在湍流中，相对速度应包含扩散项，即在式（2.11）中添加相应的速度项：

$$\boldsymbol{v}_{pq} = \frac{d_p^2 \left(\rho_p - \rho_{\mathrm{m}} \right)}{18 \mu_q f_{\mathrm{drag}}} \boldsymbol{a} - \frac{\eta_{\mathrm{t}}}{\sigma_{\mathrm{t}}} \left(\frac{\nabla \alpha_p}{\alpha_p} - \frac{\nabla \alpha_q}{\alpha_q} \right) \tag{2.15}$$

式中，σ_{t} 为常数，0.75；η_{t} 为湍流扩散系数。

（4）分散相的体积分数方程。

$$\frac{\partial}{\partial t} \left(\alpha_p \rho_p \right) + \nabla \cdot \left(\alpha_p \rho_p \boldsymbol{v}_{\mathrm{m}} \right) = -\nabla \cdot \left(\alpha_p \rho_p \boldsymbol{v}_{\mathrm{dr},p} \right) + \sum_{q=1}^{n} \left(\boldsymbol{m}_{qp} - \boldsymbol{m}_{pq} \right) \tag{2.16}$$

式中，$\boldsymbol{m}_{pq}$ 为质量由 p 相传递到 q 相；同理，$\boldsymbol{m}_{qp}$ 为质量由 q 相传递到 p 相。

2）湍流模型

目前，常用的湍流模型主要有标准 k-ε 模型、重整规划群（renormalization group，RNG）

k-ε 模型、大涡模拟（large eddy simulation，LES）模型及雷诺应力模型（Reynolds stress model，RSM）等[4]。标准 k-ε 模型及 RNG k-ε 模型具有简单、计算速度快等特点，但模拟旋转流及浮力流时偏差较大[5,6]。LES 模型考虑了大涡的各向异性效应和小涡的各向同性效应，但所需计算机容量大，计算时间长[7,8]。雷诺应力模型的计算速度介于 k-ε 模型和 LES 模型之间，且能够准确地模拟复杂的流动，如水力旋流器或旋风分离器中的旋转流[9]。该模型放弃了各向同性的假设，通过求解雷诺应力的输运方程对雷诺平均纳维-斯托克斯（Reynolds average Navier-Stokes，RANS）方程进行封闭。

湍流应力张量（τ_k^t）定义为

$$\tau_k^t = -\rho_k \boldsymbol{R}_{k,jj} \tag{2.17}$$

在雷诺应力模型中，雷诺应力分量（$\boldsymbol{R}_{k,jj}$）可以通过求解各组分的偏微分方程得到，其表达式如下：

$$\boldsymbol{R}_{k,jj} = \widetilde{\overline{u_{k,i} u_{k,j}}} \tag{2.18}$$

应力产生项 P_{ij} 为

$$P_{ij} = -\rho\bar{\alpha}\left(R_{ij} \frac{\partial \overline{u_j}}{\partial x_l} + R_{jl} \frac{\partial \overline{u_i}}{\partial x_l} \right) \tag{2.19}$$

扩散项（D_{ij}）包括分子扩散项（D_{Lij}）和湍流扩散项（D_{Tij}），其表达式如下：

$$D_{ij} = D_{Lij} + D_{Tij} = \frac{\partial}{\partial x_l}\left(\bar{\alpha}\mu \frac{\partial R_{ij}}{\partial x_l} \right) + C_\mu \frac{\partial}{\partial x_l}\left(\bar{\alpha} \frac{\mu_t}{\sigma_k} \frac{\partial R_{ij}}{\partial x_l} \right) \tag{2.20}$$

式中，μ_t 为湍流黏度，可由式（2.21）表示：

$$\mu_t = \rho C_s \frac{k^2}{\varepsilon}, \quad k = \frac{1}{2} R_{ij} \tag{2.21}$$

式中，ρ 为密度；C_s 为常数；k 为湍动能；ε 为湍动能耗散率。

根据 Kolmogrov 局部各向同性的假设，耗散率张量（ε_{ij}）可以表示为

$$\varepsilon_{ij} = \frac{2}{3} \varepsilon \bar{\alpha} \rho \delta_{ij} \tag{2.22}$$

式中，ε 满足如下关系：

$$\frac{\partial \left(\rho \overline{u_l} \varepsilon \right)}{\partial x_l} = \frac{\partial}{\partial x_l}\left(C_\varepsilon \rho \frac{\varepsilon}{k} R_{ij} \frac{\partial \varepsilon}{\partial x_j} \right) + \frac{\varepsilon}{k}\left(-2C_{\varepsilon 1}\rho R_{ij} \frac{\partial \overline{u_i}}{\partial x_l} - C_{\varepsilon 2}\rho\varepsilon \right) \tag{2.23}$$

Φ_{ij} 为压力应变项，其线性压力应变关系可以表示为

$$\Phi_{ij} = \Phi_{ij1} + \Phi_{ij2} \tag{2.24}$$

$$\Phi_{ij1} = -C_1 \rho \frac{\varepsilon}{k}\left(R_{ij} - \frac{2}{3}\delta_{ij}k \right) \tag{2.25}$$

2. 电场控制方程

在高压脉冲电场作用下，双场耦合装置中形成了同轴圆柱形电场，且电场满足 Maxwell 方程[10]：

$$-\nabla \cdot \left(\varepsilon_0 \varepsilon_r \boldsymbol{E} \right) = 0 \tag{2.26}$$

式中，ε_r 为相对介电常数；ε_0 为真空介电常数，$\varepsilon_0 = 8.854 \times 10^{-12}\,\mathrm{F/m}$；$\boldsymbol{E}$ 为电场强度，V/m，$\boldsymbol{E}$ 与电势（U）有如下关系：

$$\boldsymbol{E} = -\nabla U \tag{2.27}$$

在高压脉冲电场的影响下，双场耦合装置内部液流所受电场力可由 Maxwell 应力张量表示。Maxwell 应力张量为[11]

$$\boldsymbol{T}_{ij} = \varepsilon_0 \varepsilon_r \left(\boldsymbol{E}_i \boldsymbol{E}_j - \frac{1}{2} \delta_{ij} \mid \boldsymbol{E} \mid^2 \right) \tag{2.28}$$

式中，$\boldsymbol{E}_i$ 或 $\boldsymbol{E}_j$（$i, j = 1, 2, 3$）为沿着 x、y、z 方向电场强度，kV/m；δ_{ij} 为克罗内克符号。

在笛卡儿坐标系中，Maxwell 应力张量的矩阵形式可表示为

$$\boldsymbol{T} = \begin{bmatrix} \varepsilon_0 \varepsilon_r E_x^2 - \frac{1}{2} \varepsilon_0 \varepsilon_r (E_x^2 + E_y^2 + E_z^2) & \varepsilon_0 \varepsilon_r E_x E_y & \varepsilon_0 \varepsilon_r E_x E_z \\ \varepsilon_0 \varepsilon_r E_y E_x & \varepsilon_0 \varepsilon_r E_y^2 - \frac{1}{2} \varepsilon_0 \varepsilon_r (E_x^2 + E_y^2 + E_z^2) & \varepsilon_0 \varepsilon_r E_y E_z \\ \varepsilon_0 \varepsilon_r E_z E_x & \varepsilon_0 \varepsilon_r E_z E_y & \varepsilon_0 \varepsilon_r E_z^2 - \frac{1}{2} \varepsilon_0 \varepsilon_r (E_x^2 + E_y^2 + E_z^2) \end{bmatrix} \tag{2.29}$$

由此可以得出电场体积力在三个方向上的分量：

$$f_x = \frac{1}{V_{xyz}} \left\{ \frac{\partial \left[\varepsilon_0 \varepsilon_r E_x^2 - \frac{1}{2} \varepsilon_0 \varepsilon_r (E_x^2 + E_y^2 + E_z^2) \right]}{\partial x} + \frac{\partial (\varepsilon_0 \varepsilon_r E_x E_y)}{\partial y} + \frac{\partial (\varepsilon_0 \varepsilon_r E_x E_z)}{\partial z} \right\} \tag{2.30}$$

$$f_y = \frac{1}{V_{xyz}} \left\{ \frac{\partial \left[\varepsilon_0 \varepsilon_r E_y^2 - \frac{1}{2} \varepsilon_0 \varepsilon_r (E_x^2 + E_y^2 + E_z^2) \right]}{\partial y} + \frac{\partial (\varepsilon_0 \varepsilon_r E_y E_x)}{\partial x} + \frac{\partial (\varepsilon_0 \varepsilon_r E_y E_z)}{\partial z} \right\} \tag{2.31}$$

$$f_z = \frac{1}{V_{xyz}} \left\{ \frac{\partial \left[\varepsilon_0 \varepsilon_r E_z^2 - \frac{1}{2} \varepsilon_0 \varepsilon_r (E_x^2 + E_y^2 + E_z^2) \right]}{\partial z} + \frac{\partial (\varepsilon_0 \varepsilon_r E_z E_x)}{\partial x} + \frac{\partial (\varepsilon_0 \varepsilon_r E_z E_y)}{\partial y} \right\} \tag{2.32}$$

式中，E_x、E_y、E_z 分别为沿着 x、y、z 方向电场强度，kV/m。

将计算出的三个体积力分量作为外部体积力添加到 Mixture 模型的动量守恒方程 [式（2.4）] 中，即

$$\boldsymbol{F}_e = \left(f_x, f_y, f_z \right)^{\mathrm{T}} \tag{2.33}$$

式中，f_x、f_y、f_z 分别为沿着 x、y、z 方向电场体积力，N。

3. 液滴粒径控制方程

根据 Atten 液滴成对聚结模型，从 N 个液滴半径为 R_w 的液滴聚结到 $0.5N$ 个半径为 $2^{1/3} R_w$ 的液滴所需时间为 t_1，运用 Stokes 公式计算可得[12]

$$t_1 = \frac{8}{15}\frac{\mu_o}{\varepsilon_r \varepsilon_0 \boldsymbol{E}^2}\left[\left(\frac{\pi}{6\varphi}\right)^{5/3} - 1\right] \tag{2.34}$$

式中，μ_o 为油液黏度；φ 为液滴的体积分数。

为了确定乳化液液滴在流场中的粒径，数值计算得出液滴在电场区段停留时间 t，求出 t 与 t_1 的比值并取整为 n，然后计算出粒径。

2.3　过程仿真与计算

2.3.1　用户自定义函数方法

1. 耦合模拟实现方法的确定

目前，常用的流体模拟商业软件主要包括 FLUENT 和 CFX，但它们都无法利用其自带模块实现双场耦合的计算。为了实现双场耦合模拟计算，分析双场耦合装置在耦合条件下的分离特性，就需要在软件原有计算模块的基础上进行二次开发或者自行编写数值计算程序。FLUENT 软件具有二次开发接口，能够满足用户的二次开发需求。因此，以 FLUENT 软件为流体计算平台，利用 UDF 方法实现流场与电场的耦合模拟计算[13]。

2. UDF 简介

UDF 是 C 语言程序，可以动态地加载在 FLUENT 求解器中增强软件的求解性能[14]。利用 UDF 方法可以实现以下功能：①定义各种边界、材料属性、UDF 的各项、动量守恒方程的源项等；②每次迭代后调节计算值；③求解初始化；④异步执行 UDF 程序；⑤改善后处理功能；⑥改善现有模型（包括离散相模型、多相混合模型以及离散坐标系辐射模型）。

UDF 通过 FLUENT 提供的 DEFINE 宏进行定义，也可通过扩展的宏或函数进行定义，从而访问求解器的数据或者完成其他任务。每一个 UDF 源文件都包含 udf.h 头文件，在该文件中定义了 DEFINE 宏以及 FLUENT 支持的扩展宏或函数。源文件可以在 FLUENT 中进行编译或解释。编译或解释后的 UDF 在 FLUENT 对话框中是可视的、可选择的，可以在合适的对话框中选择函数名称并将其与求解器进行连接。

3. 输运方程

FLUENT 可以通过求解标量输运方程得到用户自定义标量（user-defined scalars，UDS）[3]。若求解单相流模型，则对任意的标量 ε_2，FLUENT 可求解如下标量方程：

$$\frac{\partial \rho \varphi_k}{\partial t} + \frac{\partial}{\partial x_i}\left(\rho u_i \varphi_k - \Gamma_k \frac{\partial \varphi_k}{\partial x_i}\right) = S_{\varphi_k}, \quad k = 1,\cdots,N \tag{2.35}$$

式中，Γ_k 为扩散系数；S_{φ_k} 为源项。在各向异性扩散的情况下，扩散系数为一个张量，且扩散项可表示为 $\nabla \cdot (\Gamma_k \cdot \varphi_k)$。在各向同性扩散的情况下，扩散系数可以写成 $\Gamma_k \boldsymbol{I}$，这里 $\boldsymbol{I}$ 为单位矩阵。

　　若求解多相流模型，则 FLUENT 求解输运方程的两种标量类型：混合相和单相。对于任意的相 l 的第 k 个标量（用 φ_l^k 表示），可以通过 FLUENT 求解相 l 所占据体积内的输运方程：

$$\frac{\partial \alpha_l \rho_l \varphi_l^k}{\partial t} + \nabla \cdot (\alpha_l \rho_l u_l \varphi_l^k - \alpha_l \Gamma_l^k \nabla \varphi_l^k) = S_l^k, \quad k = 1, \cdots, N \qquad (2.36)$$

式中，α_l 为相 l 的体积分数，%；ρ_l 为相 l 的密度，kg/m^3；u_l 为相 l 的速度，m/s；Γ_l^k 为扩散系数；S_l^k 为源项。在这种情况下，φ_l^k 仅与相 l 有关，且为相 l 的独立场变量。

4. UDF 功能应用

　　在使用 UDF 时，首先根据要解决的问题定义用户化的条件，运用一系列的数学方程对该条件进行描述。然后将这些方程用 C 语言进行程序编写，编写过程就是将自定义函数程序化并且通过特定的宏对模型中的单元、面、区域和线进行操作的过程。例如，自定义函数需要用到单元格的体积，此时就可以运用 C_VOLUME(c, t)宏对单元格的体积进行读取[13]。在写完 C 语言程序后，可以利用 FLUENT 对源代码进行注释、编译和调试（interpret, compile and debug）并激活用户函数进行计算。

　　应用 UDF 计算出的数据结果可以进行储存，以供后续 UDF 调用或者被 FLUENT 后处理。存储的位置为用户自定义内存（user-defined memory，UDM），与它相关的宏有两类：基于面定义内存的宏和基于体积单元定义内存的宏。F_UDMI(f, t, i)可以用于面定义内存的储存或获取，且该宏只能够用于流动边界面或者壁面，其中 f 是面的标识，t 为指向面的一个指针，i 就是用于辨认数据存储位置的整型索引，若 i 为 1 则指针指向位置为 1 的内存位置。C_UDMI(c, t, i)用于体积单元定义内存的存储或获取，其中 c 为体积单元的标识，t 为指向体积单元的指针，i 的含义与面宏相同。UDM 通常用于存储 UDS 方程计算得到的值，并利用通用宏将程序导入 FLUENT 中。

5. 双场耦合模拟计算的实现

　　根据电场控制方程，电位方程为 $\nabla^2 U = 0$。将电位方程以式（2.37）的形式表示，源项、非稳态项以及对流项定义的量均为 0，扩散项需要定义的量扩散系数为 1。

　　选择双场耦合单元的溢流管伸入旋流腔的圆柱面作为电势为 U 的面，对应的旋流腔外部圆柱面为零电势面。高压脉冲电场的波形为方波，因此 U 对时间的函数为

$$U = \begin{cases} U_m, & t \leqslant 0.5T \\ 0, & t > 0.5T \end{cases} \qquad (2.37)$$

式中，U_m 为电压幅值；t 为流动时间；T 为脉冲电场的波动周期。

在设置边界条件及仿真参数后，由 FLUENT 可以对电场控制方程进行求解，求出多场耦合单元物理模型中的电场强度。特别地，采用 C_UDSI_G(c, t, 0)宏求出每个网格单元在 x，y，z 三个方向上的电场强度，结合使用 C_UDMI(c, t, 0)宏对各自方向上的电场强度进行存储以供后续 UDF 程序调用。

根据电场控制方程，将电场体积力作为多场耦合单元物理模型的动量守恒方程的源项进行加载，从而实现双场耦合数值模拟平台的搭建。

2.3.2　网格划分及无关性分析

利用 ANSYS Meshing 模块对耦合单元物理模型进行网格划分。网格划分采用自动划分的方式，最终得到非结构网格。中心区域的网格及入口相切处的网格都经过网格加密处理。由于在模拟中采用壁面函数，在壁面附近区域的网格也经过加密处理。

网格的无关性分析对于数值研究具有重要的意义，且针对特定的物理模型，只有合适的网格数量条件下才能得到较好的数值计算结果。本节通过对比不同网格数量下同一截面上切向速度和轴向速度沿着单元横截面的径向分布曲线，分析网格数量对数值计算结果的影响，从而确定耦合单元物理模型的网格划分数量。

本节耦合单元物理模型被划分为三种网格数量：206191 个、312344 个、422269 个。利用这三种网格数量对模型进行数值运算，得到相应的数值计算结果。取 $z=790\text{mm}$ 截面，不同网格数量下的切向速度和轴向速度的径向分布曲线如图 2.3 所示。图中，V_t 表示切向速度；V_a 表示轴向速度；r 和 R 分别为与轴心线间的距离及截面最大半径。

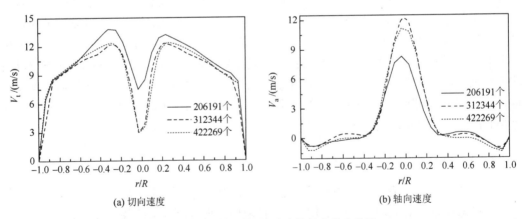

(a) 切向速度　　　　　　　　(b) 轴向速度

图 2.3　不同网格数量下速度的径向分布曲线

从图中可以看出，当网格数量为 312344 个与 422269 个时，切向速度与轴向速度非常接近，且均与网格数量为 206191 个时的速度有较为明显的差异。这表明，当网格数量从 312344 个增大到 422269 个时，数值计算结果无明显变化，即在该范围内数值结果与网格的数量无关。因此，耦合单元物理模型的网格划分数量确定为 422269 个。

如图 2.4 所示，耦合单元被划分为 422269 个三维网格。通常情况下，用网格扭曲来表示网格质量。网格扭曲是指网格形状与同体积等边网格单元形状之间的差异，且用于数值计算的最大网格扭曲必须低于 0.95。图 2.4 中网格的最大扭曲为 0.55，可以满足数值计算的要求。

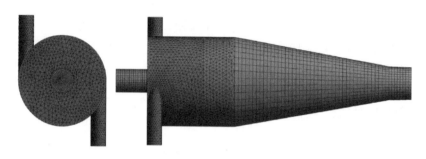

图 2.4 计算网格

2.3.3 物性参数及边界条件

分流比是指溢流口流速与入口流速之比，它与油-水两相流的分离效率密切相关。例如，在脱油型旋流器中，分离效率随分流比的增加逐渐增大，然后保持不变。单元底流口和溢流口的分流比分别为 0.1 和 0.9。在油-水混合液中，微小的水滴离散分布在油相中，且其平均粒径为 200μm。由于在常温常压下油的黏度较高，不利于两相流分离，将混合液通过加热至 70℃改变其黏度。在 70℃时，油和水的物性参数如表 2.2 所示。

单元底流口和溢流口边界条件设定为自由出流。两个入口处的湍流强度为 5%，水力直径为 12mm。单元的两个入口边界均设定为法向速度为 10m/s 的均匀速度入口，即流速为 4m³/h，其他两个方向上的速度为零。壁面设定为无滑移边界条件，壁面附近区域网格经过加密处理，选择标准壁面函数。溢流管的伸入段作为电源的正极输入端，旋流腔的圆柱表面作为零电势端。耦合单元采用高压电场，电场的电压幅值由 UDF 给定。

表 2.2 70℃时油和水的物性参数

$Q/(m^3/h)$	$\rho_w/(kg/m^3)$	$\rho_o/(kg/m^3)$	$\mu_w/(mPa \cdot s)$	$\mu_o/(mPa \cdot s)$
4	998.3	863	1.3	16.807

2.3.4 求解参数设置

双场耦合模拟采用瞬态求解，多相流模型采用 Mixture 模型，湍流模型采用雷诺应力模型，且采用基于压力的求解器进行求解计算。运用有限体积方法对控制方程进行离散。其中，全部方程的离散格式使用 QUICK 格式；连续性方程及动量守恒方程的压力-速度耦合选择 SIMPLEC 格式；由于本次模拟的数值模型具有高速的旋转特性，压力之间的插值选择 PRESTO 格式。数值计算的时间步长设为 0.05s。

2.4　系统分离特性

为了准确研究耦合单元内部流体运动特征,选取 $x = 0\text{mm}$ 截面上 $z = 100\text{mm}$、620mm、750mm、790mm,即在旋流腔段、大锥段、小锥段、底流直管段轴心处各取一截面进行模拟分析。在所有图中,V_t 为切向速度;V_a 为轴向速度;r 和 R 分别为与轴心线间的距离及截面最大半径;ϕ_0 为含油体积分数;E 为分离效率。

2.4.1　电压幅值对耦合装置分离效率的影响

设耦合单元的入口流速为 10m/s,电压幅值分别为 0kV、10kV 和 12kV。通常情况下,分离效率主要取决于内部流体结构(包括速度分布、压力分布及湍流能量耗散等)。在耦合脱水装置中,离散分布的水滴在离心力的作用下向着边壁运动,从而实现油-水两相流的分离。装置的分离效率与液流的切向速度直接相关,且切向速度在三个速度分量中占主导地位[15]。在不同电压幅值条件下切向速度的径向分布曲线如图 2.5 所示。从图 2.5 中可知,在 $z = 100\text{mm}$、620mm、750mm 截面上,电压幅值的变化对切向速度的影响不明显。在 $z = 790\text{mm}$ 截面上,在 $r/R > 0$ 区域,电压幅值为 10kV 及 12kV 时切向速度的峰值相同,0kV 时切向速度的峰值略小;但是在 $r/R > 0.4$ 的外部涡区域,电压幅值变化时,切向速度

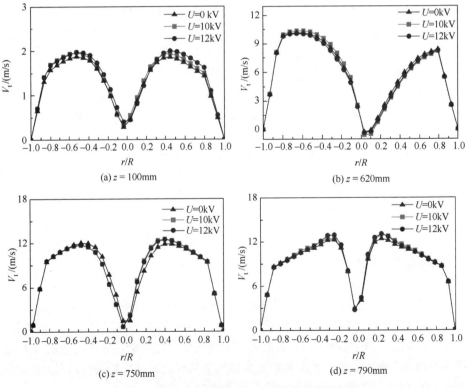

(a) $z = 100\text{mm}$　　　　　　　　　　　　　　(b) $z = 620\text{mm}$

(c) $z = 750\text{mm}$　　　　　　　　　　　　　　(d) $z = 790\text{mm}$

图 2.5　不同电压幅值下切向速度的径向分布曲线

之间无明显差异。这表明在该区域内电压幅值为 10kV 及 12kV 时分散相液滴受到的离心力比 0kV 时大，更利于油-水两相流的分离。在 $z=790$mm 截面上，在 $r/R<0$ 区域，电压幅值为 12kV 时的切向速度最大，电压幅值为 0kV 时的切向速度最小；但在 $r/R<-0.4$ 的外部涡区域，不同电压幅值下的切向速度曲线基本重合。这表明在外部涡区域，油-水两相流的分离不受电压幅值变化的影响。但是随着电压幅值的增大，切向速度峰值先增大后减小，其最大变化值约 0.8m/s，即在电压幅值为 12kV 时分散相受到的离心力最大，更利于该区域油-水两相流分离。由此可见，当电压幅值为 12kV 时，更有利于溢流口脱水率的提高。

不同电压幅值下，耦合单元的 $x=0$mm 截面上含油体积分数的分布云图如图 2.6（a）所示，图中电压幅值为 0kV 即单一的旋流离心场作用。从图中可以看出，电压幅值为 0kV 与 10kV 两种条件下，油相聚集在中心区域，水相向壁面迁移并且沿着壁面向底流口流动。电压幅值为 10kV 时高含油体积分数（超过 95%）油液的径向范围比幅值为 0kV 时更大，轴向范围更小。这表明双场耦合作用时，高含油体积分数油液向溢流口流动的情况更明显，但是溢流口的排出速度低于油液的聚集速度，从而在旋流腔和大锥段有更大范围的高含油体积分数的液体区域。另外，在靠近底流口附近区域，与单一旋流离心场作用的结果相比，双场耦合作用下的含油体积分数更低，为 0.15 左右。这表明，双场耦合作用能够有效地促进油-水两相分离。当电压幅值从 10kV 增大到 12kV 时，双场耦合单元底流段的含油体积分数从 0.15 减小到 0.1。这表明电压幅值从 10kV 增大到 12kV 时，底流口脱油率明显提高。双场耦合单元 $x=0$mm 截面上的 730mm$<z<$830mm 内含油体积分数的分布云图如图 2.6（b）所示。对比电

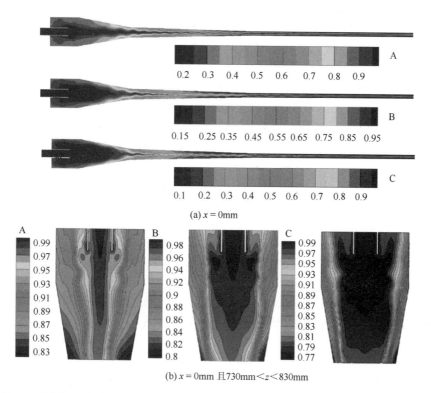

(a) $x=0$mm

(b) $x=0$mm 且 730mm$<z<$830mm

图 2.6　不同电压幅值下含油体积分数的分布云图（A：0kV；B：10kV；C：12kV）

压幅值为 0kV 与 10kV 时的含油体积分数分布，发现后者含油体积分数高于 0.95 的区域范围明显变大，溢流口排出的液流含油体积分数明显增大。这表明，双场耦合作用与单一旋流离心场作用相比，能够明显提高溢流口的脱水率。当电压幅值从 10kV 增大到 12kV 时，具有高含油体积分数的流体范围变大，使得从溢流口排出的流体含油体积分数增大，提高溢流口的脱水率。

在靠近溢流口及底流口的 $z = 100\text{mm}$、790mm 截面上含油体积分数的分布曲线如图 2.7 所示。从图 2.7（a）中可以看出，三种电压幅值条件下含油体积分数的最大值相同，且均随|r/R|的增大先减小后保持不变。电压幅值为 0kV 时的含油体积分数明显比 10kV 及 12kV 时的含油体积分数高。这说明双场耦合作用可以促进高含油体积分数液体从溢流口排出，降低底流口的含油体积分数，从而提高底流口的脱油率。当电压幅值从 10kV 增大到 12kV 时，含油体积分数也有较为明显的降低。这表明电压幅值从 10kV 增大到 12kV 时底流口的脱油率明显提高。从图 2.7（b）中可知，电压幅值为 10kV 和 12kV 时中心区域含油体积分数明显高于单一流场作用，且含油体积分数较高（超过 95%）的区域范围更宽。这表明双场耦合作用下的油-水混合液的分离效果明显好于单一流场作用。在$-0.5<r/R<0.5$内，当电压幅值从 10kV 增大到 12kV 时含油体积分数明显增大 0.6%左右。这表明当电压幅值从 10kV 增大到 12kV 时，从溢流口排出的油液含油体积分数提高，提高了溢流口的脱水率。在 $r/R>0.5$ 或 $r/R<-0.5$ 内，含油体积分数随着电压幅值的增大而增大。这表明在该区域内电压幅值的变化对含油体积分数的影响较明显。

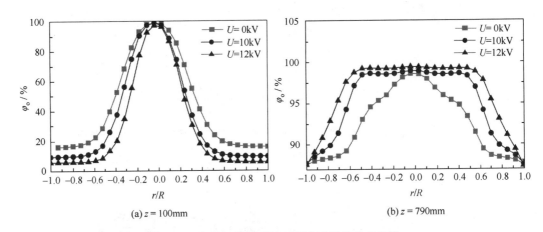

(a) $z = 100\text{mm}$ (b) $z = 790\text{mm}$

图 2.7　不同电压幅值下含油体积分数的分布曲线

分离效率是评价一个分离设备（如液-液旋流器）的重要指标。旋流器分离效率是溢流口油液流速与入口油液流速的比值，其定义式如下[16]：

$$E = \frac{\alpha_o Q_o}{\alpha_{in} Q_{in}} = 1 - \frac{\alpha_u Q_u}{\alpha_{in} Q_{in}} \tag{2.38}$$

根据式（2.38），不同电压幅值下双场耦合装置的分离效率如图 2.8 所示。从图中可以看出，电压幅值为 10kV 与 0kV 时的分离效率相比有非常明显的提高，其中，溢流口脱水率提高了 9.4%，底流口脱油率提高了 9.6%。其主要原因是混合液中的分散相液滴由于受到电场的作用增加了液滴在运动过程中发生碰撞的概率，使得液滴在运动中有更多的液滴发生聚结，从而增大了分散相的粒子直径。旋流离心场对粒径的尺寸非常敏感，大粒径的液滴所受到的离心力增大，更容易向壁面移动完成油-水分离过程，从而有效地促进油-水分离。因此，双场耦合作用能有效地提高双场耦合单元的分离效率。当电压幅值从 10kV 增大到 12kV 时，溢流口脱水率提高了 4.7%，底流口脱油率与溢流口脱水率的变化情况相同，提高了 6.1%。这表明增大电压幅值能够明显提高油-水分离效率，其主要原因是增大电压幅值提高了电场强度，从而使经过电场的分散相液滴粒径发生变化，提高了油-水分离效率。

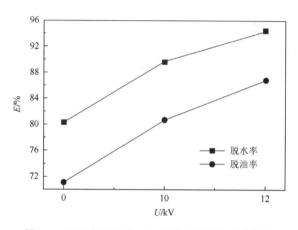

图 2.8　不同电压幅值下双场耦合装置的分离效率

2.4.2　电场频率对耦合装置分离效率的影响

双场耦合作用下，设电压幅值为 11kV，入口流速为 10m/s，且单元的电场频率分别为 4Hz、6Hz 和 8Hz。在不同电场频率下，各横截面切向速度的径向分布曲线如图 2.9 所示。从图中可知，在大、小锥段的两截面上，频率的变化对切向速度有较为明显的影响。特别地，当频率从 4Hz 增大到 6Hz 时，切向速度有较大差异；当频率从 6Hz 增大到 8Hz 时，切向速度基本相同。这表明电场频率从 4Hz 增大到 6Hz 的变化对双场耦合装置锥段部分切向速度产生明显影响，但继续增大频率对切向速度的影响变小。620mm 横截面 $0 < r/R < 1$ 内及 750mm 横截面 $-0.6 < r/R < 0$ 内，频率为 4Hz 时的切向速度高于频率为 6Hz 和 8Hz 时的切向速度。这表明当电场频率为 4Hz 时，有利于促进油-水两相的分离。在直管段与底流段，频率的变化对切向速度的影响较小。在图 2.9（a）中，在 $0 < r/R < 0.6$ 以及 $-1 < r/R < -0.4$ 内，电场频率为 4Hz 时的切向速度略大于电场频率为 6Hz 和 8Hz 时的切向速度。在图 2.9（d）中，当电场频率为 4Hz 和 6Hz 时，切向速度的最大值相同，且在准自由涡部分，切向速度随频率的增大而减小，即在电场频率为 4Hz 时，旋流腔段的分离效果更好。

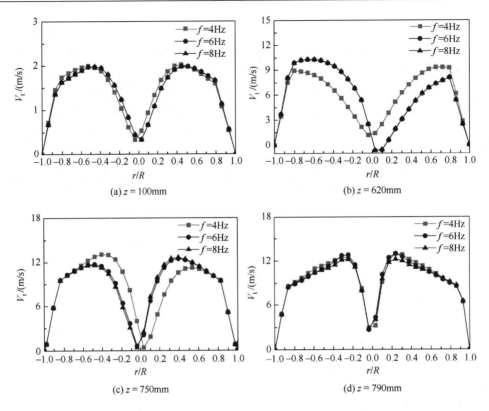

(a) $z = 100\text{mm}$　　　　　　　　　　　(b) $z = 620\text{mm}$

(c) $z = 750\text{mm}$　　　　　　　　　　　(d) $z = 790\text{mm}$

图 2.9　不同电场频率下切向速度的径向分布曲线

三种电场频率下，$x = 0\text{mm}$ 截面上的含油体积分数的分布云图如图 2.10（a）所示。从图中可以看出，在不同电场频率作用时，含油体积分数的分布基本相同。这表明电场频率的变化对油-水分离的促进效果不明显。在 $x = 10\text{mm}$ 且 $730\text{mm} < z < 830\text{mm}$ 截面上的含油体积分数分布云图如图 2.10（b）所示。从图中可以看出，当电场频率为 4Hz 时，含油体积分数高于 99% 的分布区域大于频率为 6Hz 和 8Hz 时的分布区域。这表明频率为 4Hz 时油-水分离更充分。但整体而言，频率的变化对油-水两相的分离促进效果不明显。

不同电场频率作用下含油体积分数的分布曲线如图 2.11 所示。从图 2.11（a）可以看出，电场频率的变化对含油体积分数的影响较小。特别地，在 $-0.6 < r/R < 0$ 内，电场频率为 4Hz 时的含油体积分数略高于电场频率为 6Hz 和 8Hz 时的含油体积分数；在 $0 < r/R < 0.6$ 内，电场频率为 4Hz 时的含油体积分数略低于电场频率为 6Hz 和 8Hz 时的含油体积分数。因此，在直管段，电场频率变化对含油体积分数的影响较小，从而使得从底流口排出液体的含油体积分数基本相同。从图 2.11（b）可以看出，在 $|r/R| < 0.4$ 内，不同电场频率下的含油体积分数基本相同；在 $0.4 < |r/R| < 1$ 内，电场频率为 4Hz 时的含油体积分数高于电场频率为 6Hz 和 8Hz 时的含油体积分数。这表明在旋流腔段，电场频率为 4Hz 时的分离效果较好。

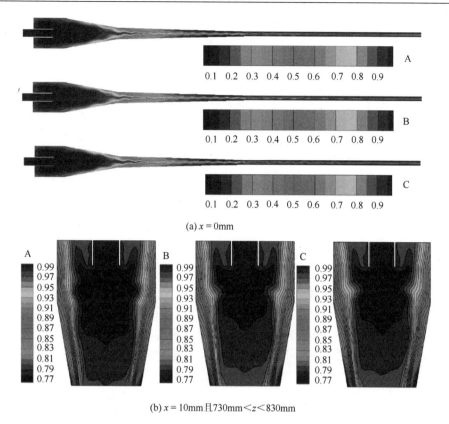

(a) $x = 0$mm

(b) $x = 10$mm且730mm$<z<$830mm

图 2.10　不同电场频率下含油体积分数的分布云图（A：4Hz；B：6Hz；C：8Hz）

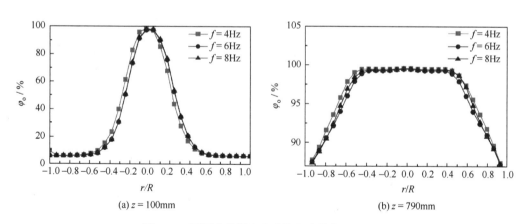

(a) $z = 100$mm

(b) $z = 790$mm

图 2.11　不同电场频率含油体积分数的分布曲线

不同电场频率下双场耦合装置的分离效率如图 2.12 所示。从图中可知，当电场频率从 4Hz 增大到 6Hz 时，装置溢流口脱水率略有降低；当继续增大电场频率到 8Hz 时，装置溢流口脱水率基本不变。同时，当电场频率逐渐增大时，底流口脱油率无明显变化。这表明，电场频率的变化对装置底流口脱油率无明显影响。因此，当电场频率为 4Hz 时双场耦合装置的分离效率较高，脱水效果更好。

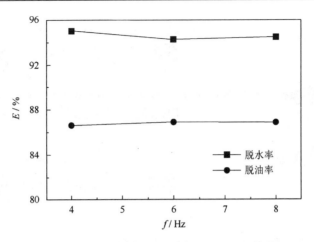

图 2.12　不同电场频率下双场耦合装置的分离效率

2.4.3　入口流速对耦合装置分离效率的影响

双场耦合作用下，设电压幅值为 11kV，电场频率为 6Hz，且单元的每个入口流速分别设为 8m/s、10m/s 和 12m/s。不同入口流速下切向速度的径向分布曲线如图 2.13 所示。从图 2.13 中可以看出，切向速度随着入口流速的增大而增大。这表明入口流速的增大使

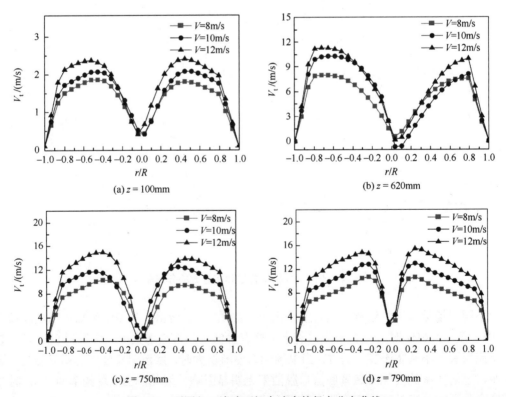

图 2.13　不同入口流速下切向速度的径向分布曲线

得双场耦合单元内部的旋流强度增大，分散相受到的离心力也增大，从而促进油-水两相的分离过程。随着入口流速的改变，切向速度的最大值的径向位置向半径增大的方向移动。这说明高入口流速的内部强制涡区域逐渐扩大。沿着底流口方向，强制涡区域先变大后变小。强制涡与自由涡之间的过渡区域逐渐变大。在小锥段，靠近边界处有巨大的切向速度梯度，这是由于边界处流体的曳力作用使得速度发生陡降。另外，图中的轴线位置处的速度不为零，且曲线对称中心不与双场耦合单元轴线重合，其原因是双场耦合单元中心的油核沿着轴线的转动不稳定，存在径向晃动。

三种入口流速下，$x = 0$mm 截面上的含油体积分数的分布云图如图 2.14（a）所示。从图中可以直观地看出，当入口流速从 8m/s 增大到 12m/s 时，含油体积分数高于 95%的区域靠近溢流口。这是因为入口流速越高，内部旋流强度越大，油-水两相流的分离所需的时间越短，分离所需的轴向距离越短。在 $x = 10$mm 且 730mm＜z＜830mm 截面上的含油体积分数分布云图如图 2.14（b）所示。从图中可以看出，在大锥段与旋流腔段连接区域，流速从 8m/s 增大到 12m/s 时，中间含油体积分数区域逐渐变小，从而使得从溢流口排出的油液含油体积分数有较小程度的降低。其原因是双场耦合单元中混合液的停留时间变短，分散相液滴未充分分离。在同一轴向截面上，入口流速增大，中间区域的含油体积分数略有降低。但两种入口流速下的含油体积分数差较小，约为 1%。

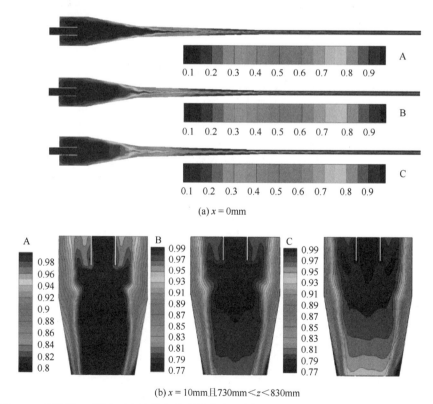

(a) $x = 0$mm

(b) $x = 10$mm 且 730mm＜z＜830mm

图 2.14　不同入口流速下含油体积分数的分布云图（A：8m/s；B：10m/s；C：12m/s）

不同入口流速下含油体积分数的分布曲线如图 2.15 所示。从图 2.15（a）可知，在靠

近底流口区域，不同入口流速下的含油体积分数差异较小。当 $|r/R| > 0.5$ 时，含油体积分数随着入口流速的增大而减小。这表明在入口流速为 12m/s 时有更多的水相向壁面运动，降低了靠近壁面附近区域的含油体积分数，有利于提高底流口脱油率。当 $0 < r/R < 0.5$ 时，含油体积分数由高到低所对应的入口流速为 10m/s＞8m/s＞12m/s；当 $-0.5 < r/R < 0$ 时，含油体积分数由高到低所对应的入口流速为 12m/s＞8m/s＞10m/s。这表明在入口流速为 10m/s 及 12m/s 时，油核区域绕轴线的转动不稳定，存在径向晃动。不同入口流速下的含油体积分数有较小差距，但这不足以引起底流口脱油率的较大变化。

由图 2.15（b）可以看出，入口流速从 8m/s 增大到 12m/s，油核的径向范围逐渐变宽，但其含油体积分数明显降低，且从油核区域到壁面范围内的含油体积分数增大。这说明入口流速为 8～12m/s 时，随着入口流速增大，溢流口的含油体积分数降低，从而使得溢流口的脱水率有较小程度的降低。其原因是所取入口流速下，分散相液滴的移动速度快，在旋流离心场中的停留时间变短，使得某些分散相液滴未完成分离就随着连续相油液向中心区域流动，最终由溢流口排出。

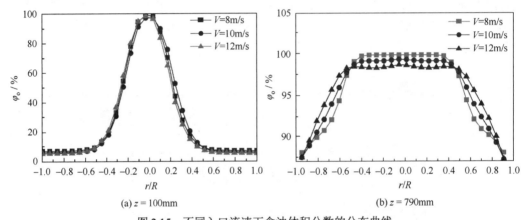

(a) $z = 100$mm　　　　　　　　　　(b) $z = 790$mm

图 2.15　不同入口流速下含油体积分数的分布曲线

根据式（2.38）计算得出的三种入口流速下的分离效率如图 2.16 所示。从图 2.16 中可

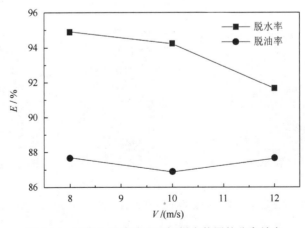

图 2.16　不同入口流速下双场耦合装置的分离效率

以看出，随着入口流速的增大，溢流口的脱水率降低。与入口流速为 8m/s 相比，12m/s 时的溢流口脱水率减少 3.4%。另外，底流口脱油率随入口流速的变化呈先减小后增大的趋势，但脱油率的变化很小，约为 0.7%。入口流速为 8m/s 与 12m/s 时的底流口脱油率一样。因此，在当前的初始条件下，入口流速为 8m/s 时的分离效率最高，分离的效果更好。

2.5　系统参数的组合优化

2.5.1　参数的组合优化方法

一般情况下，研究参数对分离效率的影响均采用单因素方法，即不考虑各操作参数间的相互作用。然而，通过单因素分析难以得到最佳参数组合。因此，考虑多因素间的相互作用，求解多参数耦合问题并且高效地实现参数组合优化是非常重要的。由 Box 和 Wilson 引入的响应面方法（response surface methodology，RSM）广泛用于研究不同参数间的耦合、推导多因素间的关系以及优化某一装置或系统的性能。响应面方法作为一种建立经验模型的数理统计方法，可用于开发、改进、优化过程。它主要通过合理的参数组合实验设计构建各参数变量与响应值之间的近似数学模型，根据该模型确定响应值最大或最小时的最佳参数[17]。

本节提出将单因素法和响应面方法进行结合实现双场耦合单元操作参数的组合优化，其主要步骤包括：确定待优化参数；利用单因素方法，按照待优化参数逐个对双场耦合装置进行模拟；根据模拟结果确定单因素条件下各待优化参数的最佳取值范围；利用中心组合设计方法确定各待优化参数的优化参数组合；按照优化参数组合逐个对双场耦合装置进行模拟；获取不同优化参数组合下双场耦合装置的分离效率。然后，建立各优化参数组合与分离效率之间的函数关系；通过函数关系对优化参数组合模型进行显著性分析；根据显著性分析结果判断优化参数组合是否满足要求；分析各优化参数组合之间的相互作用对分离效率的影响；确定最佳优化参数组合。

2.5.2　结构参数的设定及组合优化

由于耦合装置本体结构的锥段是非常重要的分离区域，通过优化锥段的结构参数可以有效地改善耦合装置的分离性能。特别地，锥角是一个非常重要的设计参数，对装置的分离性能会产生非常明显的影响[18]。由于在本体结构基础上集成了高压电场，乳化液在双场耦合作用下的流动情况与旋流离心场单独作用下的流动情况不同，且锥段的结构参数对双场耦合作用下装置分离效率的影响规律尚不明确。因此，本节重点研究不同锥段的结构参数对双场耦合装置分离效率的影响，并对锥段结构参数进行优化。

1. 相关参数及取值范围的设定

为研究单因素条件下各锥段结构参数对分离效率的影响，设公称直径 D 为 22～30mm，大锥角 α 为 16°～24°，小锥角 β 为 1°～6°。

三个锥段结构参数（公称直径、大锥角和小锥角）作为响应模型的输入因子，双场耦合装置的分离效率作为模型的响应输出。设响应值与三个独立变量（x_1、x_2及x_3）满足二阶多项式关系：

$$Y_k = \beta_0 + \sum_{i=1}^{3} \beta_i x_i + \sum_{i=1}^{3} \beta_{ii} x_i^2 + \sum_{i<j} \beta_{ij} x_i x_j \tag{2.39}$$

式中，Y_k为第k个响应值，$k=1$为溢流口脱水率，$k=2$为底流口脱油率；β_0、β_i、β_{ii}及β_{ij}分别为常数项、线性项、二次项及交叉项的回归系数。

2. 结构参数的组合优化

1) 单因素分析

（1）小锥角对分离效率的影响。

S1和S2分别为装置旋流腔段和大锥段的交界面以及大锥段和小锥段的交界面，能够准确反映装置内部流场的变化。设双场耦合装置的大锥角和公称直径分别为20°和26mm，小锥角为2°、3°、4°、5°和6°。不同小锥角条件下装置的分离效率分布曲线如图2.17所示。由图2.17（a）可以看出，装置溢流口脱水率呈先减小后增大再减小的趋势。尽管小锥角由5°增大到6°时脱水率在降低，但仍比其他三种条件下的脱水率更高。因此，小锥角在5°～6°内装置具有较好的脱水率。从图2.17（b）可知，在电压幅值为0kV和11kV时，双场耦合装置底流口脱油率的变化趋势相同，且均与溢流口脱水率的变化趋势相同，即在小锥角为5°～6°内具有更大的脱油率。综上，双场耦合装置在无电场作用和耦合作用下的小锥角优化值均为5°～6°。

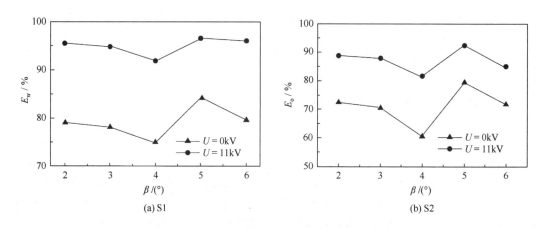

图2.17 不同小锥角条件下双场耦合装置的分离效率

（2）大锥角对分离效率的影响。

不同大锥角条件下双场耦合装置的分离效率如图2.18所示。由图2.18（a）可知，在20°～22°的大锥角内，装置溢流口脱水率明显高于其他大锥角下的脱水率。从图2.18（b）

也可以清楚地看出,耦合装置底流口的脱油率变化趋势与溢流口的脱水率基本相同。因此,大锥角的最佳取值均为 20°~22°。

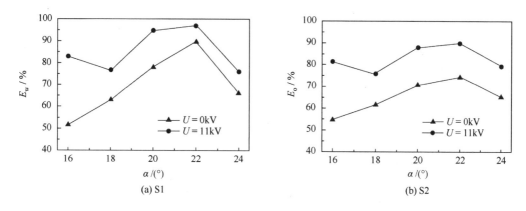

图 2.18 不同大锥角条件下双场耦合装置的分离效率

（3）公称直径对分离效率的影响。

不同公称直径条件下双场耦合装置的分离效率如图 2.19 所示。从图 2.19（a）可以看出,公称直径为 20mm 和 22mm 时,双场耦合装置溢流口的脱水率高于另三种条件下的脱水率;且在 24mm、26mm 和 28mm 中,公称直径为 26mm 时的脱水率明显较高。从图 2.19（b）可以看出,底流口脱油率在 20~22mm 的公称直径内基本相同,且均大于公称直径为 22~28mm 时的脱油率。综上,公称直径的最佳取值均为 20~22mm。

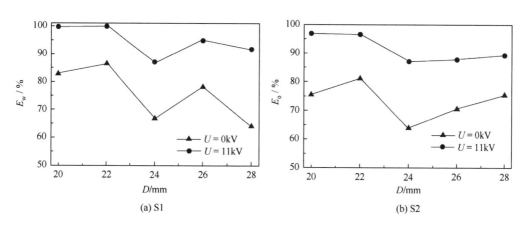

图 2.19 不同公称直径条件下双场耦合装置的分离效率

2）响应面方法分析

（1）参数设计及计算结果。

大锥角、小锥角和公称直径的取值分别为 20°~22°、5°~6° 和 20~22mm。各因子编码及自变量水平如表 2.3 所示。利用 Design-Expert 8.0 软件按表 2.3 中的因子编码及自变量水平进行实验设计,同时利用数值方法得出各实验条件下的响应值,其结果如表 2.4 所示。

表 2.3　实验因子水平及编码

因素	编码	单位	水平		
			−1	0	1
β	A	°	5	5.5	6
α	B	°	20	21	22
D	C	mm	20	21	22

表 2.4　实验设计结果和相应的响应值

编号	编码			脱水率/%	脱油率/%
	A	B	C		
1	−1	−1	0	96.25	89.49
2	1	−1	0	95.37	77.52
3	−1	1	0	95.04	87.87
4	1	1	0	95.76	82.13
5	−1	0	−1	95.78	90.69
6	1	0	−1	94.74	90.05
7	−1	0	1	95.50	94.16
8	1	0	1	95.51	77.25
9	0	−1	−1	96.44	83.96
10	0	1	−1	95.24	85.17
11	0	−1	1	96.27	94.47
12	0	1	1	95.74	86.58
13	0	0	0	95.94	80.89
14	0	0	0	95.94	80.89
15	0	0	0	95.94	80.89
16	0	0	0	95.94	80.89
17	0	0	0	95.94	80.89

（2）响应模型与方差分析。

采用 Design-Expert 8.0 软件对表 2.4 中的数据进行响应面分析，建立多元二次回归模型如下：

$$E_{\text{dw}}^{11} = 266.26 - 8.798x_1 - 12.43x_2 - 1.197x_3 + 0.799x_1x_2 \\ + 0.528x_1x_3 + 0.166x_2x_3 - 1.76x_1^2 + 0.101x_2^2 - 0.12x_3^2 \tag{2.40}$$

$$E_{\text{do}}^{11} = 1716.68 + 11.68x_1 - 29.9x_2 - 126.5x_3 + 3.11x_1x_2 \\ - 8.13x_1x_3 - 2.28x_2x_3 + 7.72x_1^2 + 1.43x_2^2 + 5.22x_3^2 \tag{2.41}$$

式中，x_1、x_2 和 x_3 分别对应因子编码中的 A、B 和 C；E_{dw}^{11} 为电压幅值为 11kV 时的脱水率，%；E_{do}^{11} 为电压幅值为 11kV 时的脱油率，%。

　　响应模型的方差分析如表 2.5 所示。从表中可以看出,模型的 F 值分别为 11.74 和 4.61,与其对应的 p 值分别为 0.0019 和 0.0281,均小于 5%,即式(2.40)和式(2.41)表示的响应模型是显著的。其中,脱水率模型中的显著项有 A、B、AB、AC 和 A^2;脱油率模型中的显著项有 A、AC 和 C^2。此外,两响应模型的复相关系数 R^2 分别为 0.9379 和 0.8557,表明模型均具有较高的显著性。

表 2.5　响应模型的方差分析

脱水率模型						脱油率模型					
方差来源	平方和	自由度	均方差	F 值	p 值	方差来源	平方和	自由度	均方差	F 值	p 值
模型	3.02	9	0.34	<u>11.74</u>	<u>0.0019</u>	模型	404.13	9	44.90	4.61	<u>0.0281</u>
A	0.18	1	0.18	6.13	<u>0.0425</u>	A	155.41	1	155.41	15.96	<u>0.0052</u>
B	0.81	1	0.81	28.33	<u>0.0011</u>	B	1.70	1	1.70	0.17	0.6887
C	0.08	1	0.08	2.94	0.1299	C	0.84	1	0.84	0.09	0.7777
AB	0.64	1	0.64	22.32	<u>0.0021</u>	AB	9.70	1	9.70	1.00	0.3515
AC	0.28	1	0.28	9.76	<u>0.0168</u>	AC	66.18	1	66.18	6.80	<u>0.0351</u>
BC	0.11	1	0.11	3.86	0.0903	BC	20.74	1	20.74	2.13	0.1879
A^2	0.82	1	0.82	28.53	<u>0.0011</u>	A^2	15.70	1	15.70	1.61	0.2449
B^2	0.04	1	0.04	1.50	0.2613	B^2	8.63	1	8.63	0.89	0.3778
C^2	0.06	1	0.06	2.17	0.1846	C^2	114.88	1	114.89	11.80	<u>0.0109</u>
残差	0.20	7	0.03	—	—	残差	68.17	7	9.74	—	—
失拟	0.20	3	0.07	—	—	失拟	68.17	3	22.72	—	—
纯误差	0	4	0	—	—	纯误差	0	4	0	—	—
总差	3.22	16	—	—	—	总差	472.302	16	—	—	—
R^2	—	—	0.9379	—	—	R^2	—	—	0.8557	—	—

注:表中加下划线数字表示具有显著性

　　双场耦合装置脱水率和脱油率的可信度分析图如图 2.20 所示。从图中可以看出响应模型预测值(简称预测值)与模拟计算值(简称计算值)接近,表明响应模型与数值计算拟合度较好。

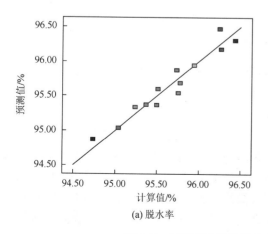
(a) 脱水率

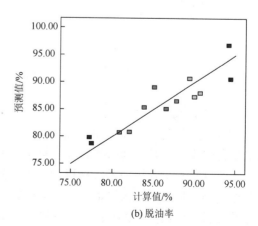
(b) 脱油率

图 2.20　双场耦合装置脱水率和脱油率的可信度分析图

　　为进一步研究各因素间的交互作用对分离效率的影响，对响应模型进行响应面分析，得到的响应立体分析图和等值线图如图 2.21 所示。从图 2.21（a）中可以看出，同时减少小锥角和大锥角可较小程度地提高装置溢流口脱水率。当小锥角为 5°时，大锥角从 22°减小到 20°，脱水率从 95.03%增大到 96.24%。图 2.21（b）中，同时增大公称直径和减少小锥角可以明显地提高底流口脱油率。当小锥角为 5°时，公称直径从 20mm 增大到 22mm，脱油率从 90.69%增大到 94.16%。

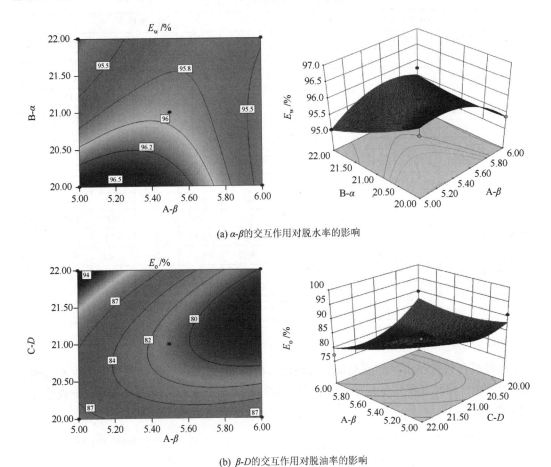

(a) α-β 的交互作用对脱水率的影响

(b) β-D 的交互作用对脱油率的影响

图 2.21　交互作用对分离效率影响的响应立体分析图和等值线图

　　（3）最佳结构参数。

　　以装置的脱水率和脱油率达到最大值为最优条件，通过对响应模型进行求解分析得到优化结果；同时，为验证响应曲面模型求解的合理性，在最佳分离效率条件下采用数值计算方法对装置模型进行模拟计算，得到的结果如表 2.6 所示。由表可知，响应模型的模型预测值（简称预测值）与模拟计算值（简称计算值）相差较小，其中，脱水率模型的最大偏差约为 0.34%；脱油率模型的最大偏差为 2.95%。因此，响应模型的最优解是合理的。

表 2.6　优化条件下计算值与预测值

变量			脱水率/%		脱油率/%	
$\beta/(°)$	$\alpha/(°)$	D/mm	计算值	预测值	计算值	预测值
5.09	20	22	96.46	96.12	97.05	100

2.5.3　操作参数的设定及组合优化

1. 相关参数及取值范围的设定

为研究单因素条件下各操作参数对分离效率的影响,选择入口流速、底流分流比(简称分流比)和电压幅值作为操作参数,且当其中一个参数为变量时另外两个参数固定不变。本节中入口流速、分流比及电压幅值分别为 6~14m/s、0.05~0.25 和 9~13kV。

以入口流速、分流比及电压幅值三个操作参数作为实验设计的输入因子,分离效率作为响应值。采用中心组合设计方法确定设计点,则实验设计点的总数为 20 个。若三个操作参数的范围确定,则可对其进行五水平编码。设响应值与三个独立变量(x_1、x_2 及 x_3)满足式(2.39)。

2. 操作参数的组合优化

根据 2.5.2 节中结构参数的优化结果,本节中的单元模型如图 2.2 所示,相应的结构参数如表 2.7 所示。其他仿真计算设置与研究分离特性时的设置相同。

表 2.7　优化后的双场耦合单元结构参数

参数	D/mm	D_s/mm	D_i/mm	D_o/mm	L_o/mm	$\beta/(°)$	$\alpha/(°)$	D_u/mm	L_u/mm
值	22	70	12	18	45	5.09	20	10	400

通过仿真计算,得到的结果及其分析如下。

1)单因素分析

(1)入口流速对分离效率的影响。

设分流比与电压幅值的初始取值分别为 0.1 和 11kV,且固定不变。入口流速分别为 6m/s、8m/s、10m/s、12m/s 和 14m/s。入口流速对双场耦合装置分离效率的影响如图 2.22 所示。从图 2.22 可以看出,双场耦合装置的溢流口脱水率随入口流速的增加逐渐增大,且当入口流速从 6m/s 增大到 10m/s 时,脱水率增大了 4.56%;而当入口流速从 10m/s 增大到 14m/s 时,脱水率增大了 1.78%。其原因是入口流速增大使分散相液滴受到的离心力增大,促进了油-水两相流的分离,进而提高溢流口的脱水率,但持续增大入口流速也会使乳化液液滴在耦合区域内的作用时间变短,粒径未充分增大,液滴受到的离心力相对较小,对两相流分离的促进效果不明显。此外,装置内部的循环流动也会影响分离效率。例如,Liu 等[19]研究了入口流速对分离效率的影响,发现增大入口流速会减小循环流动的分布区域,进而对分离效率产生负影响。从图中还可以看出,入口流速为 6m/s、8m/s 和 10m/s

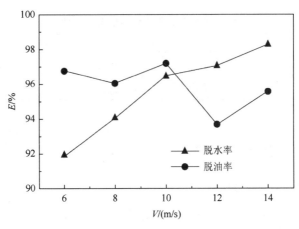

图 2.22　入口流速对分离效率的影响

时的底流口脱油率高于 12m/s 和 14m/s 时的脱油率,且在入口流速为 10m/s 时达到最大值,脱油率为 97.17%。因此,选择入口流速为 10m/s 进行后续数值模拟。

（2）分流比对分离效率的影响。

设入口流速和电压幅值分别为 10m/s 和 11kV,且固定不变。设分流比的取值分别为 0.05、0.1、0.15、0.2 和 0.25。不同分流比条件下双场耦合装置的分离效率如图 2.23 所示。从图 2.23 中可以看出,溢流口脱水率随分流比的增加先增大后减小,且在分流比为 0.1 时取得最大值 96.46%;当分流比从 0.05 增大到 0.1 时,底流口脱油率无明显变化,当分流比继续增大时,底流口脱油率随分流比的增大明显降低。其原因是,当分流比很小时,靠近底流口的液流具有较低的含油体积分数,使得经底流口排出液流的含油体积分数较低,装置具有较高的底流口脱油率;随着分流比的增大,靠近底流口的液流含油体积分数增大,经底流口排出的液流含油体积分数也随之增加,从而使装置的底流口脱油率降低。此外,过大增加分流比会扰乱液流的稳定性,破坏装置内部流场,从而使底流口脱油率大幅降低。因此,单因素条件下分流比的最佳取值为 0.1。

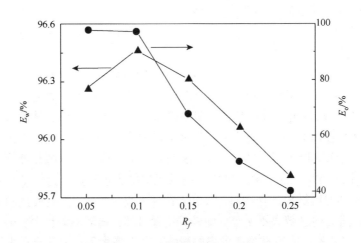

图 2.23　分流比对分离效率的影响

（3）电压幅值对分离效率的影响。

电压幅值是非常重要的电场控制参数。为了研究电压幅值对双场耦合装置分离效率的影响，入口流速和分流比固定不变，且分别设为 10m/s 和 0.1。分离效率随电压幅值的变化曲线如图 2.24 所示。从图中可以看出，双场耦合装置的溢流口脱水率随电压幅值的增加呈阶梯式增大，即在电压幅值为 9kV 和 10kV 的条件下，脱水率无明显变化，然后随电压幅值的增加先增大然后基本保持不变，且当电压幅值为 11kV 时，脱水率为 96.46%。继续增大电压幅值到 12kV 和 13kV，脱水率的变化低于 1%。底流口的脱油率变化与脱水率变化基本一致，且当电压幅值为 11kV 时，脱油率达到最大，为 97.17%。因此，单因素条件下电压幅值的最佳取值为 11kV。

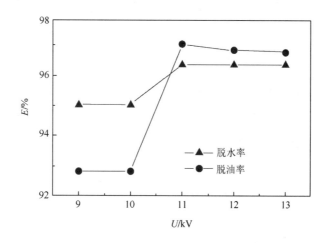

图 2.24　电压幅值对分离效率的影响

2）响应面法分析

（1）实验设计。

根据单因素的分析结果，采用中心组合设计原理进行三因素五水平实验设计，各因子编码及水平如表 2.8 所示。

表 2.8　实验设计变量编码及水平

变量	编码	水平				
		−1.68	−1	0	1	1.68
V/(m/s)	A	8.32	9	10	11	11.68
R_f	B	0.07	0.08	0.1	0.12	0.13
U/kV	C	9.32	10	11	12	12.68

根据实验设计结果，采用 FLUENT 对各种设计参数条件下的数值模型进行计算，实验设计结果和相应的响应值如表 2.9 所示。表的第一列为实验编号，紧接着的三列为各因子的参数编码，最后两列分别为双场耦合装置的溢流口脱水率和底流口脱油率。

（2）响应模型。

采用 Design-Expert 8.0 软件对表 2.9 中的数据进行二次响应面回归分析，得到实际变量值与响应值之间的函数关系，其表达式如下：

$$E_w = 75.35 + 0.64x_1 + 6.6x_2 + 2.09x_3 + 7.06x_1x_2 + 0.14x_1x_3 \\ - 6.9x_2x_3 - 0.11x_1^2 - 34.67x_2^2 - 0.1x_3^2 \tag{2.42}$$

$$E_o = -141.93 + 10.05x_1 + 1633.66x_2 + 21.7x_3 + 7.1x_1x_2 \\ + 0.36x_1x_3 + 2.03x_2x_3 - 0.74x_1^2 - 10432.69x_2^2 - 1.11x_3^2 \tag{2.43}$$

式中，E_w 为溢流口脱水率；E_o 为底流口脱油率；x_1、x_2 和 x_3 分别为入口流速、分流比和电压幅值。

表 2.9　实验设计结果和相应的响应值

编号	$V/(m/s)$	R_f	U/kV	$E_w/\%$	$E_o/\%$	编号	$V/(m/s)$	R_f	U/kV	$E_w/\%$	$E_o/\%$
1	−1	−1	−1	95.5	97.1	11	0	−1.68	0	96.5	97.6
2	1	−1	−1	96.2	96.2	12	0	1.68	0	96.3	75.8
3	−1	1	−1	95.3	81.9	13	0	0	−1.68	95.0	92.7
4	1	1	−1	96.2	80.5	14	0	0	1.68	97.2	98.0
5	−1	−1	1	96.5	98.2	15	0	0	0	96.4	96.7
6	1	−1	1	97.3	97.7	16	0	0	0	96.4	96.7
7	−1	1	1	95.4	82.0	17	0	0	0	96.4	96.7
8	1	1	1	97.2	83.2	18	0	0	0	96.4	96.7
9	−1.68	0	0	94.5	96.2	19	0	0	0	96.4	96.7
10	1.68	0	0	97.7	96.6	20	0	0	0	96.4	96.7

方差分析可用于评价响应模型的显著性以及各因子对响应值的影响程度。响应模型的方差分析如表 2.10 所示。计算值与预测值之间的复相关系数 R^2 用于检查模型拟合的好坏。两响应模型的复相关系数分别为 0.9259 和 0.9637，这表明两响应模型是显著的，即预测值与计算值具有很好的一致性。脱水率模型的 F 值为 13.89，p 值为 0.0002，这表明该模型是显著的，且由于噪声的影响，出现较大 F 值的可能只有 0.02%。p 值不超过 5%说明模型的项是显著的。在脱水率模型中，A、C 两项是显著的模型项。脱油率模型的 F 值为 29.47，p 值为<0.0001，这表明该模型是显著的，且由于噪声的影响，出现较大 F 值的可能只有不到 0.01%。在脱油率模型中，B、B^2 两项是显著的模型项。

响应模型的残差对于判断模型是否充分合理是非常重要的。两响应模型残差的正态概率图如图 2.25 所示。从图中可以看出，两响应模型残差与正态概率的关系均近似为直线，这表明误差是正态分布的，即得出的响应模型包含所有数据的相关信息，拟合效果较好。此外，所有的残差变动范围很小，表明响应模型可以对数据进行较好的分析。预测值与计算值的对比图如图 2.26 所示。所有实验设计点的值均分布在对角线附近，且根据响应模型得到的预测值与计算值之间的误差较小。这也进一步表明响应模型可以合理地预测各参数条件下双场耦合装置的分离效率。

表 2.10　响应模型的方差分析

脱水率模型					脱油率模型				
方差来源	平方和	自由度	均方差	F 值	p 值	方差来源	平方和	自由度	均方差	F 值	p 值
模型	11.31	9	1.26	13.89	0.0002	模型	981.56	9	109.06	29.47	<0.0001
A	6.84	1	6.84	75.58	<0.0001	A	0.048	1	0.048	0.013	0.9115
B	0.17	1	0.17	1.89	0.1994	B	706.39	1	706.39	190.9	<0.0001
C	3.54	1	3.54	39.17	<0.0001	C	14.88	1	14.88	4.02	0.0727
AB	0.16	1	0.16	1.77	0.2134	AB	0.16	1	0.16	0.044	0.8388
AC	0.15	1	0.15	1.69	0.2222	AC	1.03	1	1.03	0.28	0.6092
BC	0.15	1	0.15	1.68	0.2234	BC	0.013	1	0.013	0.0035	0.9537
A^2	0.17	1	0.17	1.86	0.2027	A^2	7.86	1	7.86	2.12	0.1757
B^2	0.0027	1	0.0027	0.031	0.8645	B^2	250.97	1	250.97	67.82	<0.0001
C^2	0.15	1	0.15	1.71	0.2209	C^2	17.79	1	17.79	4.81	0.0531
残差	0.90	10	0.090	—	—	残差	37.00	10	3.70	—	—
失拟	0.90	5	0.18	—	—	失拟	37.00	5	7.40	—	—
纯误差	0.000	5	0	—	—	纯误差	0	5	0	—	—
总差	12.21	19	—	—	—	总差	1018.56	19	—	—	—
R^2	—	—	0.9259	—	—	R^2	—	—	0.9637	—	—

注：表中的下划线数字表示具有显著性

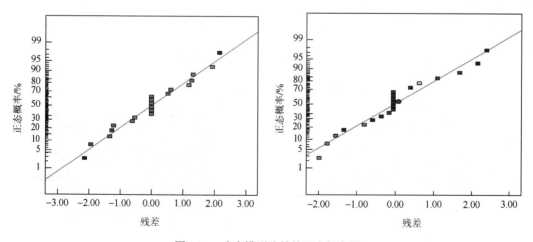

图 2.25　响应模型残差的正态概率图

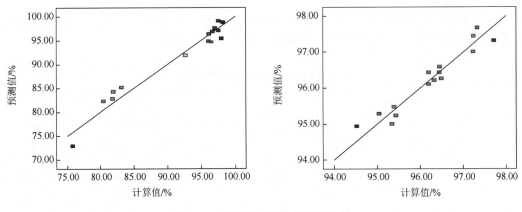

图 2.26　预测值与计算值的对比图

（3）响应面分析及优化。

　　为了研究操作参数之间的交互作用对分离效率的影响和确定最佳条件，采用 Design-Expert 8.0 软件对回归模型进行响应面分析。当电压幅值为 11kV 时，入口流速和分流比之间的交互作用对分离效率影响的等值线图如图 2.27 所示。从图 2.27（a）可以看出，与分流比相比，入口流速对溢流口脱水率的影响更大，且脱水率随入口流速的增加而增大。其原因是入口流速的增大使双场耦合装置内部流体的切向速度增大，增加了分散相液滴受到的离心力，从而有效地促进油-水两相的分离，进而提高了溢流口的脱水率。详细地，分流比为 0.08，入口流速从 9m/s 增大到 11m/s 时溢流口脱水率增大了 1.13%；分流比为 0.12 时脱水率增大了 1.68%。分流比对脱水率的影响非常小，且在入口流速固定、分流比从 0.08 增大到 0.12 的条件下脱水率的变化值均小于 1%。其可能的原因是分流比的变化对溢流口附近流体含油体积分数的影响较小，且基本经溢流口排出。

　　由图 2.27（b）可知，与入口流速相比，分流比的变化对底流口脱油率的影响更大，且脱油率随分流比的增大而减小。特别地，入口流速为 9m/s、分流比由 0.08 增大到 0.12 时脱油率减小了 14.4%。其原因是在分流比增大的情况下，双场耦合装置内的零轴向包络面的区域减小，且在直管段内部无正轴向速度，无法使直管段内部含油体积分数较高

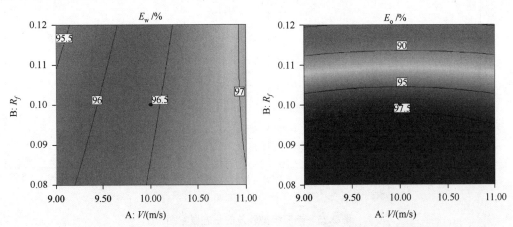

图 2.27　入口流速和分流比之间的交互作用对分离效率影响的等高线图

的液流经溢流口排出，从而导致经底流口排出的液流含油体积分数提高，进而降低了底流口的脱油率。从图中还可看出，入口流速对脱油率无较大影响，且分流比固定、入口流速从 9m/s 增大到 11m/s 时，脱油率的变化值不足 1%。因此，在选择操作参数时应考虑较低的分流比及较高的入口流速，从而使双场耦合装置具有较高的溢流口脱水率和底流口脱油率。

当分流比为 0.1 时，入口流速与电压幅值间的交互作用对分离效率影响的等值线图如图 2.28 所示。从图 2.28（a）可以看出，增大入口流速及电压幅值可有效地提高溢流口脱水率，且在入口流速和电压幅值分别为 11m/s 和 12kV 时脱水率为 97.57%。从图中还可以看出，入口流速的变化对脱水率的影响比电压幅值的变化对脱水率的影响更大，且当电压幅值为 12kV、入口流速从 9m/s 增大到 11m/s 时，脱水率增加了 1.67%。由图 2.28（b）可知，与入口流速相比，电压幅值的变化对底流口脱油率的影响更为明显，且在入口流速为 9m/s、电压幅值从 10kV 增大到 12kV 时脱油率呈先增大后减小的趋势。因此，选择合适的电压幅值及入口流速可获得较高的底流口脱油率。因此，选择参数时应考虑较高的入口流速及合适的电压幅值，以保证双场耦合装置同时具有较高的脱水率和脱油率。

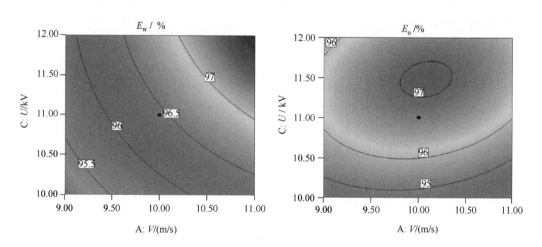

图 2.28　入口流速与电压幅值间的交互作用对分离效率影响的等值线图

入口流速为 10m/s 时电压幅值和分流比之间的交互作用对分离效率影响的等值线图如图 2.29 所示。从图 2.29（a）可以看出，与分流比相比，电压幅值对溢流口脱水率的影响更大。电压幅值与脱水率之间的关系受分流比的影响。详细地，当分流比为 0.08、电压幅值从 10kV 增大到 12kV 时脱水率增大了 1.28%，但在分流比为 1.2 时脱水率增大了 0.74%。此外，在电压幅值较高时分流比对脱水率的影响比电压幅值较低时更为明显，且电压幅值增大、分流比降低可以有效提高溢流口脱水率。从图 2.29（b）可以看出，分流比的变化对底流口脱油率的影响比电压幅值的变化影响更大，且在分流比低于 0.09 时，脱油率均高于 97%。因此，可以选择较低的分流比及较高的电压幅值以提高双场耦合装置的分离效率。

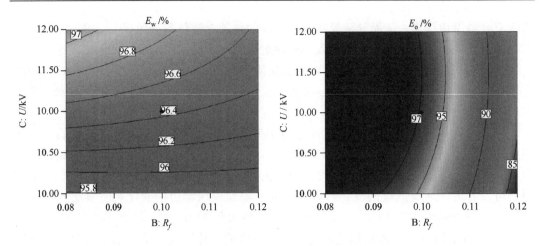

图 2.29　电压幅值和分流比之间的交互作用对分离效率影响的等值线图

　　为了使双场耦合装置具有更高的分离性能,应该选择合适的操作参数。在这些操作参数中,对双场耦合装置溢流口脱水率的影响程度排序为入口流速＞电压幅值＞分流比;对脱油率的影响程度排序为分流比＞电压幅值＞入口流速。此外,根据上述对响应面的分析,较大的入口流速和电压幅值以及较低的分流比有利于提高双场耦合装置的分离效率。

　　以脱油率和脱水率达最大为最佳参数条件,根据响应模型得到各独立变量的最佳组合:入口流速、分流比和电压幅值分别为 10.76m/s、0.08 和 11.98kV。在最佳参数组合条件下,响应模型得到的脱水率和脱油率分别为 97.52%和 99.53%。在同等条件下,采用数值仿真计算得到的脱水率和脱油率分别为 97.15%及 97.63%。计算值与响应模型得到的预测值之间的最大偏差为 1.9%,这是可接受的。这表明响应模型能够较为准确地预测给定操作参数时双场耦合装置的分离效率。

2.6　电场-旋流离心场耦合分离实验平台与实验

2.6.1　实验装置

　　根据旋流离心场和高压脉冲电场破乳脱水原理设计并制造出的双场耦合装置如图 2.30 所示。该装置具有结构紧凑、移动方便以及便于维护等特点,主要由脱水型旋流分离装置、高压脉冲电源、溢流罐、底流罐、进油泵、粗滤器、精滤器、变频器、流量计、压力表等部件组成。双场耦合装置的公称流量为 50L/min,总电功率为 3kW,工作电压为 380V,工作压力需低于 0.8MPa,最大电压和脉冲最高频率分别为 15kV 和 2000Hz。其长、宽、高分别为 158cm、90cm 和 175cm,总重 300kg。装置可实现旋流离心场单独作用以及双场耦合作用。因此,该装置可对含水体积分数不确定的废油乳化液进行处理,即对于含水体积分数不确定的废油乳化液可直接先进行旋流分离处理,然后进行双场耦合破乳脱水处理。

图 2.30　双场耦合装置

除此装置外,还包括石油含水体积分数测定仪(SYD-2122C)、电动搅拌器(MGD699)、颗粒图像采集系统（Winner99D）及 Motic 显微镜（SMZ168）等。在实验中,采用石油含水体积分数测定仪对试样的含水体积分数进行测定,Motic 显微镜和颗粒图像采集系统用于分析水滴粒径分布。电动搅拌器用于搅拌油-水混合液,使微小水滴与油液充分混合、分散,形成满足实验要求的乳化液。

2.6.2　实验样品

在实验中,选用 20#机油和水作为配置乳化液的连续相和分散相样本,相应的物性参数与数值仿真相同。乳化剂为 Span-80（山梨糖醇单油酸酯）,用于保持样本的稳定性。按照 5g/L 的浓度加入 Span-80 乳化剂,配置出含水体积分数为 10%的 W/O 型乳化液。在配置过程中,采用间歇式搅拌的方法,在搅拌间歇期间对乳化液进行实时采样,分析水滴的平均粒径,当平均粒径满足实验要求时停止搅拌。配置完成后,对样品的稳定性进行分析,确保配置的乳化液样品具有较高的稳定性。

2.6.3　实验步骤

（1）仔细检查各压力表和流量计是否工作正常,装置是否按照要求接地,高压脉冲电源的线路是否正确连接。实验人员做好绝缘措施,且在高压电源加载后不应靠近双场耦合装置。检查高压电源是否关闭,并将电源电压的挡位置零,激发状态置点触激发模式,频率的挡位置于低频挡。

（2）打开颗粒图像采集系统,并调节 Motic 显微镜以满足观测需要。准备检测乳化液相关数据所需的石油含水体积分数测定仪以及其他仪器,包括量筒、烧杯、注射器等。

（3）取适量的乳化液样品，通过 Motic 显微镜和颗粒图像采集系统对其粒径进行测量和统计，若分散相颗粒分布均匀且平均粒径在200μm左右，将乳化液液罐与装置进行连接；若发现乳化液不满足要求，则需要按照配置样品的要求对乳化液进行处理，直到满足实验要求。

（4）开启装置的单螺杆泵，并通过调节变频器使流量逐渐增大到实验要求的值。在调节过程中需要对装置的工作状态进行监控。若发现装置的工作异常，应立即停止实验，排除故障或问题后方可继续进行实验。

（5）待装置稳定工作后，打开高压脉冲电源的开关，并按照从小到大的要求逐渐调节高压脉冲电源的各个参数达到实验要求的值。

（6）待装置平稳运行后，先关闭高压脉冲电源，再关闭各阀门以及油泵，最后关闭总电源。注意装置接通高压电源的过程中不要靠近装置。

（7）用烧杯在底流罐和溢流罐的取样口进行取样，利用石油含水体积分数测定仪对试样的含水体积分数进行测定，同一样品进行多次测量取均值，且对实验结果进行记录。

（8）通过重复步骤（1）～（7）进行三次实验，完成本组实验。

由于在实验过程中涉及高压电，实验人员一定不要在装置带电工作时进行操作，防止触电。

2.6.4　实验结果与分析

1. 电压幅值对分离效率的影响

为了研究电压幅值的变化对双场耦合装置分离效率的影响，在实验过程中采用控制变量的方法，即仅改变电压幅值，其他参数不变。设定高压脉冲电源的输出频率为6Hz；双场耦合装置入口流速为10m/s；乳化液的温度为70℃；电压幅值分别为0kV、10kV和12kV。

不同电压幅值条件下双场耦合装置的分离效率分布曲线如图2.31所示。图中计算值表示通过仿真计算的模拟结果，实验值表示通过上述实验得到的结果。从图中可以看出，电压幅值为10kV和12kV时的溢流口脱水率和底流口脱油率明显高于电压幅值为0kV条件下的脱水率和脱油率，即在高压脉冲电场与旋流离心场耦合作用下的分离效率明显高于旋流离心场单独作用时的分离效率。这表明在旋流离心场中嵌入高压脉冲电场可以有效地

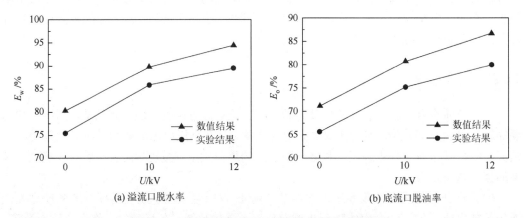

图2.31　不同电压幅值下双场耦合装置的分离效率

提高装置的分离效率。同时，当电压幅值从 10kV 增大到 12kV 时，双场耦合装置的分离效率明显增大。这也说明增大电压幅值在一定程度上可以明显地提高双场耦合装置的分离性能。此外，从图中也可以明显看出，尽管通过实验方法得到的溢流口脱水率以及底流口脱油率均低于利用数值方法得到的脱水率和脱油率，但均在误差允许范围内；实验值与计算值的趋势明显一致。这说明双场耦合的模拟是合理的。

2. **电场频率对分离效率的影响**

为研究电场频率对双场耦合装置分离效率的影响，根据控制变量原则，仅改变电场频率，其他参数保持不变。在三组实验中，设电压幅值、入口流速以及乳化液的温度分别固定为 11kV、10m/s 和 70℃，电场频率分别设置为 4Hz、6Hz 和 8Hz。每组实验重复三次，其最终结果取其平均值进行分析。不同电场频率下双场耦合装置的分离效率如图 2.32 所示。从图中可以直观地看出，当电场频率从 4Hz 增大到 8Hz 时，溢流口脱水率以及底流口脱油率无明显变化。其原因可能是电场频率在 4~8Hz 内增大对双场耦合装置内部油-水分离的促进效果不明显。从图中还可知，计算值均大于实验值，且经实验方法得到的溢流口脱水率与数值方法得到的脱水率最大相对误差约为 5.4%，经实验方法得到的底流口脱油率与数值方法得到的脱油率最大相对误差为 4%；实验值与计算值的趋势基本一致。这表明虽然数值方法与实验方法均存在相应的误差，但均在可接受的范围内。

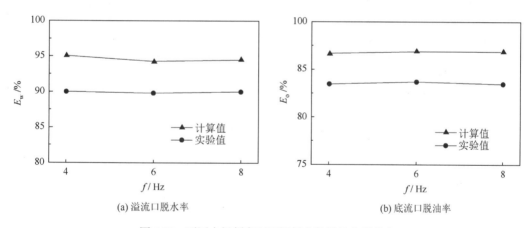

(a) 溢流口脱水率　　　　　　　　　　　　　　(b) 底流口脱油率

图 2.32　不同电场频率下双场耦合装置的分离效率

3. **入口流速对分离效率的影响**

根据上述相同原则，实验中改变装置入口流速，其他参数保持不变。设置电压幅值为 11kV，电场频率为 6Hz，乳化液温度为 70℃，且保持不变；调节入口流速分别为 8m/s、10m/s 和 12m/s。不同入口流速下双场耦合装置的分离效率如图 2.33 所示。由图可知，溢流口脱水率和底流口脱油率均随入口流速的增大而减小。其中，当入口流速从 8m/s 增大到 10m/s 时，溢流口脱水率和底流口脱油率分别减小 3.5%、2.1%，继续增大入口流速到 12m/s，分离效率无太大变化，这表明入口流速为 8m/s 的双场耦合装置有较高的分离效率。这与数值模拟分析一致。同时，从图中还可以看出，计算值均高于实验值，且最大误差约

11%，其原因是数值计算过程中由于数值模型的选择、计算精度、条件假设等产生了计算误差；同时，实验过程中由于装置的制造、实验操作、外在环境的干扰等产生了实验误差。但是计算值与实验值的变化趋势基本一致，存在的偏差也在可接受的范围内。

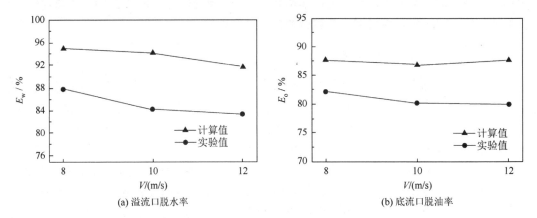

(a) 溢流口脱水率　　　　　　　　(b) 底流口脱油率

图 2.33　不同入口流速下双场耦合装置的分离效率

参 考 文 献

[1] Mikko M，Veikko T，Sirpa K. On the Mixture Model for Multiphase Flow[M]. Espoo：VTT Publications，1996：288.

[2] Rudolf P. Simulation of multiphase flow in hydrocyclone[C]. Paris：EDP Sciences，2013：333-336.

[3] ANSYS Inc. ANSYS Fluent Theory Guide[M]. Canonsburg：ANSYS Inc，2013.

[4] Delgadillo J A，Rajamani R K. A comparative study of three turbulence-closure models for the hydrocyclone problem[J]. International Journal of Mineral Processing，2005，77：217-230.

[5] Gu X，Wang W，Wang L，et al. Numerical simulation of flow field in circumfluent cyclone separator[J]. Journal of Chemical Engineering of Chinese Universities，2007，21：411-416.

[6] Kharoua N，Khezzar L，Nemouchi Z. CFD simulation of liquid-liquid hydrocyclone：Oil/water application[C]. Vail：ASME 2009 Fluids Engineering Division Summer Meeting，2010：2085-2094.

[7] Delgadillo J A，Rajamani R K. Large-eddy simulation（LES）of large hydrocyclones[J]. Particulate Science & Technology，2007，25：227-245.

[8] Saidi M，Maddahian R，Farhanieh B，et al. Modeling of flow field and separation efficiency of a deoiling hydrocyclone using large eddy simulation[J]. International Journal of Mineral Processing，2012，112-113：84-93.

[9] Noroozi S，Hashemabadi S H. CFD analysis of inlet chamber body profile effects on de-oiling hydrocyclone efficiency[J]. Chemical Engineering Research & Design，2011，89：968-977.

[10] 李青. 高频脉冲离心装置油水乳状液破乳分离的理论和实验研究[D]. 北京：北京化工大学，2015.

[11] Huang X. The method of Maxwell stress tensor and its application[J]. Journal of Nanjing Normal University（Natural Science），1995，14：41-43.

[12] Peng Y，Liu T，Gong H，et al. Effect of pulsed electric field with variable frequency on coalescence of drops in oil[J]. RSC Advances，2015，5：31318-31323.

[13] ANSYS Inc. ANSYS Fluent UDF Manual[M]. Canonsburg：ANSYS Inc，2013.

[14] 朱红钧. FLUENT 15.0 流场分析实战指南[M]. 北京：人民邮电出版社，2015.

[15] 李建隆，车香荣，陈光辉，等. 新型 α 旋流器流场模拟与实验研究[J]. 高校化学工程学报，2008，22（3）：11-17.

[16] Gomez C，Caldentey J，Wang S B，et al. Oil/water separation in liquid/liquid hydrocyclones（LLHC）：part 1-experimental

investigation[J]. Spe Journal，2002，7：353-372.

[17]　Elsayed K，Lacor C. CFD modeling and multi-objective optimization of cyclone geometry using desirability function，artificial neural networks and genetic algorithms[J]. Applied Mathematical Modelling，2013，37（8）：5680-5704.

[18]　Saidi M，Maddahian R，Farhanieh B. Numerical investigation of cone angle effect on the flow field and separation efficiency of deoiling hydrocyclones[J]. Heat and Mass Transfer，2013，49（2）：247-260.

[19]　Liu Y, Yang Q, Qian P, et al. Experimental study of circulation flow in a light dispersion hydrocyclone[J]. Separation and Purification Technology，2014，137：66-73.

第3章 电场-旋流离心场串联分离技术

电场法分离耗时长、效率低，旋流离心法对包含较小粒径水滴的 W/O 型乳化液的处理效果不理想，但电场法能够快速实现较小粒径水滴的聚结从而增大水滴粒径，旋流离心法可以实现油-水两相的快速有效分离，本章据此提出将电场和旋流离心场进行串联从而实现乳化液的高效破乳脱水。在经旋流离心场处理前，首先在高压脉冲电场的作用下使微小的乳化液液滴发生变形、碰撞，聚结成粒径更大的乳化液液滴，处理后的乳化液进入与其串联的旋流离心分离单元中，粒径较大的液滴在强旋流离心作用下与油液快速分离。

本章首先提出将电场-旋流离心场进行串联实现乳化液高效分离的工艺流程，工艺流程中主要的作用单元包括电场脱水单元和旋流离心分离单元。针对电场脱水单元，研究乳化液液滴在高压脉冲电场作用下的动力学特性，设计电场脱水单元整体结构，并且借助FLUENT 平台中的电场分析模块分析不同电极结构形式对电场脱水单元内部电场的影响，确定电极单元结构；对于旋流离心分离单元，首先通过 CFD 方法对装置进行建模、仿真分析，确定旋流离心分离单元初始结构参数，其次对单元的主要作用区段（锥段）的结构进行优化，同时分析单元的放置角度对两相分离的影响，再次研究系统参数变化对旋流离心分离单元分离特性的影响，最后试制高压脉冲电场-旋流离心场联合破乳脱水装置（简称双场联合破乳脱水装置），并搭建双场联合破乳脱水实验平台，进行废油乳化液的高压脉冲电场-旋流离心场联合破乳脱水实验（简称双场联合破乳脱水实验）。

3.1 工 艺 流 程

电场-旋流离心场串联分离技术的工艺设计构想是：首先利用高压脉冲电场将废油乳化液中小液滴聚结变大，聚结后的大液滴在旋流离心场的作用下快速实现离心分离，进而从整体上提高废油乳化液破乳脱水率。

基于工艺设计构想，结合工艺的可操作性以及实用性，设计电场-旋流离心场串联分离的工艺流程，如图 3.1 所示。

如图 3.1 所示，工作时，通过液压泵的运转，将待处理乳化液经入口管路吸入，通过粗滤器去除其中固体杂质，然后将乳化液从电破乳器底部注入罐体内。注入的乳化液在电破乳器内自下而上流经电极板间的电场反应区，在电场作用下乳化液中的小液滴聚结变大，然后注入缓冲罐中。缓冲罐中的乳化液通过单螺杆泵的作用以一定速度射入旋流器中，进而在旋流器中形成旋流离心场，聚结的大液滴在旋流离心场的作用下快速实现油-水分离，密度较大的液相（水）向下运动，从旋流器的底流口流出，密度较小的液相（油）旋流上升至溢流口流出，分别流入底流罐和溢流罐后排出收集，从而完成整个脱水过程。此外，在缓冲罐、底流罐与溢流罐的底部均设置取样阀，可对处理后的油液进行取样检测，对于未达到脱水要求的油液可通过装置的循环回路进行二次处理。

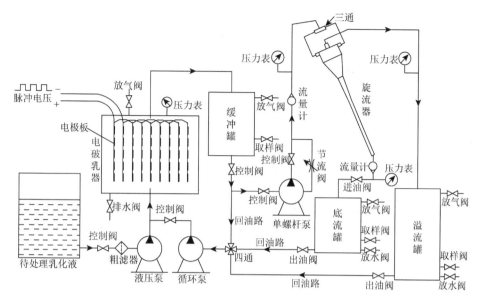

图 3.1 电场-旋流离心场串联分离的工艺流程

3.2 电场脱水单元设计及其动力学特性

高压脉冲电场应用于乳化液的聚结破乳的基本原理是乳化液中的液滴在脉冲电场的激励下发生伸缩变形振动，促使液滴间产生更有效的碰撞，与传统的交流与直流电破乳相比，高压脉冲电场破乳效率更高，耗能更少。本节将研究乳化液液滴在高压脉冲电场作用下的振动幅频特性，同时对电场脱水单元进行简要设计。

3.2.1 高压脉冲电场作用下乳化液液滴振动动力学特性

1. 高压脉冲电场作用下液滴振动变形与受力分析

油液自下而上流经电极板间的高压脉冲电场反应区，当电场波形为高电平段时，废油乳化液中的小液滴被极化，发生拉伸变形；当电场波形处于低电平段时，液滴所受电场力消失，并在液滴自身回复力的作用下恢复到初始状态，待下一个脉冲高电平段到来时，液滴再次发生拉伸变形。这样循环往复，液滴则在高压脉冲电场中发生周期性的拉伸变形振动，进而完成偶极聚结和碰撞聚结，形成较大颗粒的水滴[1]，如图 3.2（a）所示。

假定乳化液中某液滴在初始时刻呈半径为 R 的圆球形，在高压脉冲电场作用下该液滴发生伸缩变形振动。在此过程中，液滴呈长球形，几何中心保持不变，且液滴的长轴平行于电场方向，短轴则垂直于电场方向。令某一时刻液滴的长、短半轴分别为 a、b，如图 3.2（b）所示。因液滴具有对称性，为便于分析，现以单液滴的右半球作为研究对象，

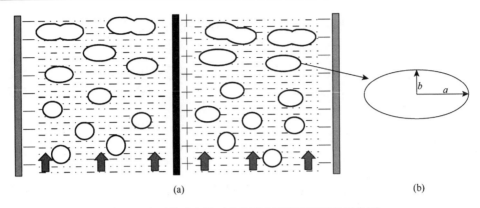

图 3.2　高压脉冲电场下乳化液中液滴变形聚结示意图

其长、短半轴的变形速度分别记为 $\dot{a}$ 和 $\dot{b}$，以液滴几何中心为坐标原点建立坐标系，则单液滴右半球的受力情况如图 3.3 所示。

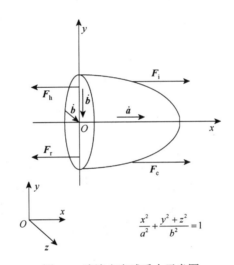

$$\frac{x^2}{a^2}+\frac{y^2+z^2}{b^2}=1$$

图 3.3　液滴右半球受力示意图

液滴在振动过程中受到了四个力的作用：一是因自身质量而产生的惯性力 F_i；二是因液滴周围黏性油液的阻力而产生的油液阻力 F_r；三是因液滴与油液间界面膜的界面张力以及液滴初始内压力而产生的界面回复力 F_h；四是令液滴发生振动变形的电场激励力 F_e。液滴在以上四个力的作用下产生伸缩变形振动，由此可构成液滴的振动动力学模型。

2. 液滴振动动力学模型

由图 3.2 可知，液滴长轴变形量 $\Delta = a - R$，令液滴变形率 $\chi = \dfrac{\Delta}{R}$，则液滴在变形振动过程中所受惯性力[2]为

$$F_i = \frac{1}{4}\pi R^4 \rho \cdot \frac{\mathrm{d}^2\chi}{\mathrm{d}t^2} \tag{3.1}$$

式中，$a = (\chi + 1)R$；ρ 为液滴密度。设液滴的体积不变，则液滴的短半轴可表示为 $b = (\chi + 1)^{-1/2}R$。

液滴在变形振动过程中受到的油液阻力[3]为

$$F_r = \pi\mu(1+\chi)^{-1/2}R^2 K \cdot \frac{\mathrm{d}\chi}{\mathrm{d}t} \tag{3.2}$$

式中，μ 为油液黏度；K 为油液阻力系数。

液滴初始内压力及其界面张力所产生的界面回复力[2]为

$$F_h = 2\pi\gamma R \frac{\chi}{\left[(1+\chi)^{1/2}+1\right](1+\chi)} \tag{3.3}$$

式中，γ 为液滴与油液间界面膜的界面张应力。

液滴在高压脉冲电场中被极化，电场可对极化液滴产生电场力，进而使液滴产生伸缩变形振动，故液滴右半球受到的电场激励力[4]为

$$F_e = \pi\varepsilon_0\varepsilon_2 E^2(t)\frac{\lambda^{-2/3}}{1-\lambda^2}\left(1+\frac{2\ln\lambda}{\lambda^{-2}-1}\right)\frac{1}{n_x}R^2 \tag{3.4}$$

式中，$n_x = \frac{\lambda^2}{1-\lambda^2}\left[1-(1-\lambda^2)^{-1/2}\right]\ln\left[\lambda^{-1}+\lambda(1-\lambda^2)^{-1}\right]$，$\lambda = a/b = (1+\chi)^{3/2}$；$\varepsilon_0$、$\varepsilon_2$ 分别为真空与油液的介电常数；$E(t)$ 为幅值 E 与角速度 ω 的脉冲电场函数。

通过以上对液滴伸缩变形振动过程中所受惯性力、油液阻力、界面回复力以及电场激励力的分析，可得乳化液液滴在高压脉冲电场中振动动力学模型的具体表达式[5]为

$$\frac{\mathrm{d}^2\chi}{\mathrm{d}t^2} + A\phi(\chi)\frac{\mathrm{d}\chi}{\mathrm{d}t} + Bf(\chi) = Gq(t)e(\chi) \tag{3.5}$$

式中，$A = \dfrac{4\mu}{R^2\rho}$；$B = \dfrac{8\gamma}{R^3\rho}$；$G = \dfrac{4\varepsilon_0\varepsilon_2 E^2}{R^2\rho}$；$\phi(\chi)$、$f(\chi)$、$e(\chi)$ 为各受力项的非线性函数项。同时，式（3.5）也是液滴在脉冲电场作用下的振动微分方程，符合单自由度非线性振动系统的微分方程一般式[6]，即

$$\chi'' + F(\chi, \chi', t) = 0 \tag{3.6}$$

由式（3.5）中的电场激励力 $Gq(t)e(\chi)$，分析可知电场激励力为周期力，液滴在脉冲电场激励下的受迫振动为单自由度非线性参激振动。

3. 液滴振动的一次近似解

液滴在脉冲电场激励下的振动形式为单自由度非线性参激振动，在求解过程中，无法得出系统的精确解，因此，本部分采用谐波平衡法求解液滴非线性参激振动的一次近似解 χ。在整个系统中，由于脉冲电场激励力常数项与基谐分量是液滴振动能量的主要来源，此处将只针对基谐参激振动情况进行分析。由非线性参激振动解的稳定性判定方法以及式（3.5）中 A、B、G 的取值范围，求解可知液滴振幅是稳定的[7]。因此，在运用谐波平衡法求解模型时，设液滴振动的一次近似解为

$$\chi = \chi_0 + \chi_1 \cos(mt + \psi_2) = \chi_0 + \chi_1 \cos\varphi \qquad (3.7)$$

式中，$mt + \psi_2 = \varphi$，m 为响应频率；χ_0、χ_1 分别为零阶与一阶振幅；ψ_2、φ 分别为初始相角与瞬时相角。

在计算过程中，首先对 $\phi(\chi)$、$f(\chi)$、$e(\chi)$ 进行多项式函数逼近处理，式（3.5）可简化为

$$
\begin{aligned}
& \chi'' + A(0.92 - 2.1\chi + 1.17\chi^2)\chi' + \omega_0^2 \chi + B f_0(\chi) \\
& - G\left(\frac{1}{2} + \frac{2}{\pi}\sin(\varphi - \psi_2)\right)(1.47 - 0.83\chi + 0.2\chi^2) = 0
\end{aligned}
\qquad (3.8)
$$

式中，$\omega_0^2 = 0.25B$，ω_0 为液滴自由振动角频率；$f_0 = -0.06\chi^2$。

进而对式（3.8）中油液阻力项、电场激励力项以及界面回复力项分别进行 Fourier 展开，令常数项、$\cos\varphi$ 和 $\sin\varphi$ 前系数均为零，整理可得

$$\chi_0 = p(\chi_1) \qquad (3.9)$$

$$\Phi\left(\chi_1, \frac{\omega^2}{\omega_0^2}\right) = 0 \qquad (3.10)$$

可见，当高压脉冲电场强度与电场频率已知时，可由式（3.9）与式（3.10）解得 χ_0 与 χ_1，由式（3.7）可得液滴非线性参激振动的一次近似解 χ。根据液滴振动动力学模型以及其计算方法，可计算得出液滴在任意时刻的振幅。式（3.10）是液滴非线性振动幅频特性关系式，由此式可得 $\chi_1 - \omega^2 / \omega_0^2$ 幅频特性曲线。此外，在式（3.10）中，当 ω 取某值时，χ_1 有最大值，表明在高压脉冲电场激励力作用下，液滴会出现共振现象，此时脉冲电场频率（简称电场频率）处于液滴共振频率，液滴的振动会突然加剧，其振幅会增加到最大值，即液滴在此电场频率下发生了共振。

4. 算例分析与液滴振动幅频特性曲线

现有一定量的南充基础油油样，其相关物性参数见表 3.1，将半径 $R = 0.6 \times 10^{-3}\,\text{m}$ 的水滴置于其中，水滴密度为 $\rho = 10^3\,\text{kg}/\text{m}^3$，并对其施加强度为 $E = 3 \times 10^5\,\text{V}/\text{m}$、角频率为 ω 的高压脉冲电场。

表 3.1 算例油液相关物性参数

介质	$\rho_o/(\text{kg/m}^3)$	ε_2	$\gamma_o/(\text{N/m})$	$\mu_o/(\text{Pa·s})$
油液	879	5	0.0012	0.016

由以上算例相关参数，可计算出式（3.8）中系数 A、B 和 G 的值，即 $A = 524.4$，$B = 4.44 \times 10^5$，$G = 4.43 \times 10^4$。根据式（3.10），可作出液滴非线性参激振动的 $\chi_1 - \omega^2 / \omega_0^2$ 幅频特性曲线，如图 3.4 所示。

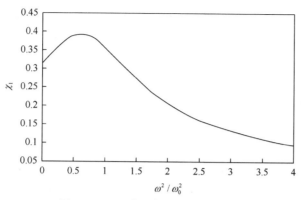

图 3.4　$\chi_1 - \omega^2 / \omega_0^2$ 的幅频特性曲线

由图 3.4 可知，当 ω^2 / ω_0^2 取某值时，曲线出现峰值，此时液滴振幅存在最大值，由此可看出，在该电场频率下，液滴发生了共振。由式（3.10）极值关系可知，当 $\omega^2 / \omega_0^2 = 0.63$ 时，液滴发生非线性参激共振，其最大振幅的一次近似解为 $\chi_1 = 0.32 + 0.4\cos\varphi$。

乳化液中液滴振幅会对其破乳效果产生重要影响。本书认为，液滴在稳态变形振动的情况下，其最佳聚结频率为液滴发生共振的电场频率。此外，液滴所受到的黏性阻力越小，其最佳聚结频率则越靠近自由振动频率 ω_0，相应的液滴振幅就越大，所需电场强度就越小。由此可见，研究液滴振动动力学特性对促进脉冲电场破乳脱水技术的发展具有重要意义。

3.2.2　电场脱水单元设计

1. 电破乳器整体结构与尺寸设计

1）电破乳器整体结构设计

本节设计的电破乳器结构如图 3.5 所示，装置整体采用圆筒形，两端盖通过法兰连接，可拆卸，便于内部电极单元的放置和更换。电破乳器内部主要由配油管、破涡器、电极单元、集油管等构成。此外，罐体底部设置进油口与排水口，顶部设置出油口、排气口、压力表以及引线绝缘棒，端面还设置观察窗。

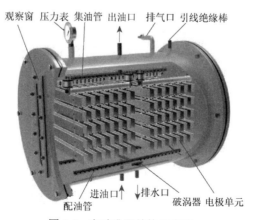

图 3.5　电破乳器结构示意图

如图 3.5 所示，装置的进油口与横向固定安装在罐体底部的配油管相连，在配油管上有许多水平设置的出油孔，可使油液平缓地流入罐体内。沿着油液流动方向上设置 2 个电极单元，并通过 8 个悬垂绝缘子悬挂固定于罐体内中上部。在电极单元上方则是横向安装在罐体顶部的集油管，在集油管上均布众多集油孔，油液通过集油孔可从出油口处排出。此外，装置底部还设置破涡器，并与排水口相连。

2）电破乳器整体尺寸设计

电破乳器的整体尺寸主要由废油乳化液处理量和所需停留时间决定，本节所设计电破乳器主要用于室内实验研究，为降低制造加工成本，节约实验用油量，特设计小型电破乳器。初步预算装置的处理能力为 7～8m³/h，油液在电破乳器内停留时间约为 1min。设计电破乳器的整体尺寸为长度 0.7m、直径 0.5m，配油管距罐体底部的高度为 5cm，集油管距罐体顶部的高度为 5cm，则聚结有效容积约为 123L，可计算得出装置的处理能力为 7.38m³/h，满足处理能力要求。

3）乳化液配油管与集油管

乳化液配油管与集油管分别位于电破乳器罐体内底部和顶部，且分别与电破乳器的进油口和出油口相连。其中，在配油管的侧面均布 2 排小孔，开孔位置位于电极单元的正下方，能保证废油乳化液沿着电脱水器轴向分配均匀并垂直向上流入电极单元的电场反应区，避免产生偏流，其基本结构如图 3.6（b）所示。在集油管上同样均布有许多小孔，其作用是将破乳后的乳化液收集并送出电破乳器。集油管需配合配油管来设计，其开孔面积需和配油管开孔面积基本一致，如图 3.6（a）所示。

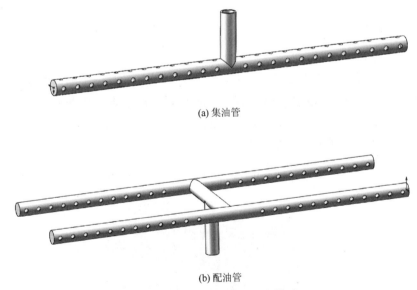

(a) 集油管

(b) 配油管

图 3.6 集油管与配油管三维模型

2. 电极单元结构设计

电极单元是电破乳器中最核心的组成部分，其结构形式直接决定了装置破乳脱水的效果。本节对电破乳器的电极单元结构进行设计。

1）电极的结构与布局

利用高压脉冲电场进行乳化液的破乳脱水处理，即使乳化液的各种物性参数以及操作参数等因素均相同，但采用不同的电极布置形式，其破乳效果也会出现极大的不同。合理的电极结构与布置形式，不但能提供稳定的电场，防止出现短路，提高装置的可靠性，而且能够提高乳化液的破乳聚结效率。目前，工业领域常用的电极形式主要是平板电极与鼠笼式电极，其中平板电极在布置形式上又分为水平电极与竖挂电极。

（1）水平电极。

水平电极是国内电破乳器设备中最常用的电极形式，其结构较为简单，多为 2 层或 3 层电极板，如图 3.7 所示。通电后，乳化液首先在极板与接地罐体之间的弱电场作用下，除去粒径较大的分散相液滴，之后进入极板与极板之间的强电场，进而脱去尺寸较小的水滴。这种布局形式可保证乳化液在强电场作用下，不会因其含水体积分数过高而导致电击穿，但水平电极在一定程度上会阻碍油液的流动与液滴的沉降。此外，随着工业的发展，废油乳化液中的化学成分越来越复杂，含有各种聚合物的乳化液的电导率增加，这将极大地增加电极间水链的形成概率，使水平电极的电破乳器极易发生跳电现象。

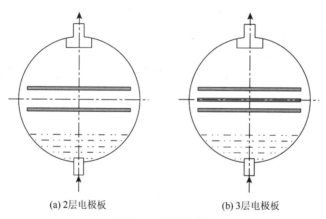

(a) 2 层电极板　　　　　　　　　(b) 3 层电极板

图 3.7　水平电极

（2）竖挂电极。

竖挂电极是由一些竖直且平行放置的金属电极板组成的，如图 3.8 所示。相较于水平电极，竖挂电极产生水平电场，与重力场不同向，因而不易造成跳电现象，还能延长液滴在电场反应区的停留时间，减少对较大水滴沉降的阻碍。在竖挂电极形成的水平电场中，水滴以扇形运动，其水链形成的长度较短，同时具有较短的停留时间，从而使得水滴不易形成水平直链。因此，竖挂电场更加稳定，不易被破坏。尽管竖挂电极具有此类优点，但其对电极的结构尺寸与布局有较高的要求，如果设计不合理，会严重影响其破乳脱水效果。

（3）鼠笼式电极。

鼠笼式电极是指在电脱水罐的内部使用 2 层或 3 层的分段式偏心组合电极，其横截面的形状为半圆形，如图 3.9 所示。此种电极主要用于高密度、高含水体积分数原油的脱水，半圆形的电极设计可在罐体顶部与原油出口段等低含水体积分数区域产生环形强电场，而在罐体底部、原油入口处等高含水体积分数区域产生垂直弱电场，由此可有效减少跳电现象的发生，同时也可提高原油乳化液脱水率。

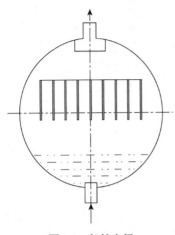 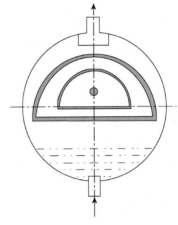

　　　　图 3.8　竖挂电极　　　　　　　　　　　　　图 3.9　鼠笼式电极

2）电极单元结构设计

　　本节拟设计一种能对大流量工业废油进行连续破乳脱水处理的装置，电破乳器作为装置的主要组成部分之一，其电极的布置形式决定了它的处理能力。鉴于平板电极加工方便，且在大流量乳化液的破乳处理上具有较好的效果，本节设计的电破乳器采用平板电极。此外，由于装置将针对结构复杂、含水体积分数较高的 W/O 型废油乳化液进行处理，为防止跳电现象的产生，将在高压电极板表面包覆一层绝缘材料。而在平板电极布置形式的选择上，分别设计水平电极单元和竖挂电极单元，其基本结构如图 3.10 所示。

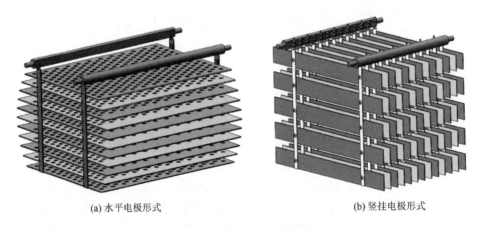

　　　　(a) 水平电极形式　　　　　　　　　　　　　　(b) 竖挂电极形式

图 3.10　电极单元三维模型

（1）水平电极单元结构设计。

　　在水平电极单元的设计上，传统的采用水平电极形式的电破乳器一般是 2 层或 3 层电极板，主要是为了减少电极板对液滴沉降的阻碍作用，同时为罐体底部沉降区域留出足够的空间，但这也造成了电破乳器内电场反应区少、破乳罐内的空间未被有效利用等问题。而在双场联合破乳脱水装置中，液滴的沉降环节不再在电破乳器罐体内部进行，因此可根据电破乳器罐体内部空间，设置大量的并列电极，从而产生更多的电场反应区，提高装置的处理能力。基于此，本节设计了 11 层的电极板结构，极板间距为 20mm，并通过绝缘支撑杆固定于电破乳器罐体内，从而构成水平电极单元，如图 3.10（a）所示。此外，为了使油液能够更好地在电极板间流动，在电极板上均布直径为 10mm 的小孔。

（2）竖挂电极单元结构设计。

竖挂电极单元主要由小电极片、电极吊杆以及绝缘支撑杆组成，其中每 5 块小电极片通过电极吊杆组成一块电极板，再将多组电极板按 20mm 的间距竖直平行地固定于绝缘支撑杆上，从而构成竖挂电极单元，如图 3.10（b）所示。此外，在电极板上每块小电极片之间留有 20mm 的间隙，以便于油液在电场反应区水平方向的流动，从而增加液滴聚结概率，同时也可减轻电极板的重量，降低对电极吊杆材料刚度的要求，进而降低加工难度、节约成本。

3）电极结构单元仿真分析

在相同的工作条件下，电破乳器内电极的结构形式对乳化液破乳效果的影响主要表现在电破乳器内电场的分布和电场强度。因此，本节将利用 FLUENT 软件对两种电极单元在电破乳器内产生的电场进行分析比较。

（1）几何模型与网格划分。

电极单元悬挂于电破乳器罐体内，罐体空间关于径向对称，因此选择其中一半作为研究对象。此外，为便于比较分析，取水平方向上相同长度的两种电极，建立罐体内的乳化液模型，再利用 ANSYS Meshing 模块分别对两种乳化液模型进行网格划分，如图 3.11 所示。采用自动划分的方式进行非结构网格划分，网格尺寸均设置为 6mm，得到两个模型的网格数量分别为 187065 个与 132216 个，可以满足数值计算要求。

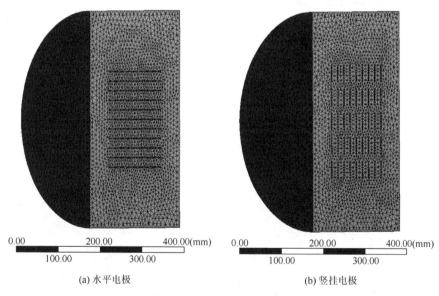

(a) 水平电极   (b) 竖挂电极

图 3.11 乳化液网格划分图

（2）边界条件设置。

乳化液中连续相为油、分散相为水，本节所使用的乳化液中含水体积分数为 10%，

测得其电导率为 $2.2 \times 10^{-4} S/m$。此外，分别在两种电极单元中各电极板交错施加电压幅值为 10kV 的高压脉冲电压，即第 1，3，5，7，9，11 块电极板上电压设置为 10kV，第 2，4，6，8，10 块电极板上电压设置为 0kV。

（3）结果分析。

通过对模型的仿真与计算，分别得到极板电压在 10kV 时两种电极单元在电破乳器内部产生的电场电势及电场强度的分布。图 3.12 与图 3.13 分别为水平电极与竖挂电极在电破乳器中产生的电场电势分布云图。

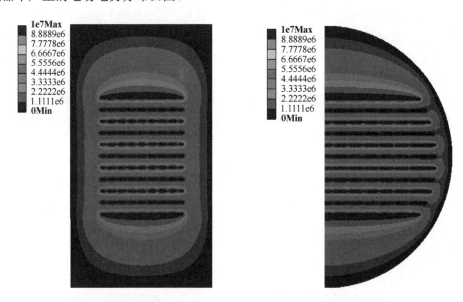

图 3.12　水平电极形式电破乳器电场电势分布云图

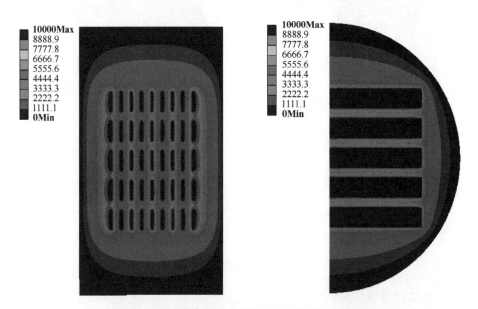

图 3.13　竖挂电极形式电破乳器电场电势分布云图

从图中可以看出，在各极板之间的空间中，两种电极形式的电势分布基本相同，电势在施加电压的极板处最高，沿电压为 0V 的电极方向均匀降低，而在极板与电破乳器罐体之间的空间中的电势分布则存在较大不同。在水平方向上，水平电极形式因其结构上的优势，在罐体内的空间利用率更大，较竖挂电极形式，可在罐体内壁附近产生更大的电势；在自下而上的乳化液流动方向上，水平电极形式在该空间中的电势沿电极方向均匀增强，在罐体内壁处其电势为零，到极板处电势增强到最高，而在竖挂电极的电破乳器中，该空间中的电势分布不均且较弱，仅在电极附近存在较高电势。由此可见，在电场电势分布上，水平电极形式优于竖挂电极形式。

水平电极与竖挂电极在电破乳器中产生的电场强度分布云图如图 3.14 所示。由图可知，两种电极产生的电场强度主要分布于各极板之间，其中水平电极中产生的最大电场强度为 1.7174×10^6V/m，竖挂电极中产生的最大电场强度为 1.6696×10^6V/m，低于水平电极。此外，在水平方向上，竖挂电极与罐体之间的空间中存在一定的电场强度，有利于该空间中乳化液的破乳聚结，而水平电极却几乎为零。由此可见，竖挂电极形式的电场强度分布情况优于水平电极形式。

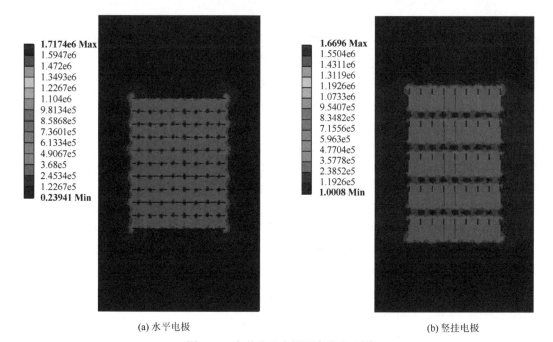

(a) 水平电极   (b) 竖挂电极

图 3.14 电破乳器电场强度分布云图

4）电极单元结构

通过上述对水平电极与竖挂电极两种电极形式的对比分析，最终采用竖挂电极形式，电极单元结构如图 3.15 所示。其中，电极主要由高压电极板和低压电极板组成。为防止电极之间发生短路现象，在高压电极表面包裹一层绝缘层形成高压绝缘电极，接高压电源正极；低压电极板采用裸电极形式，接高压电源负极。高压电极板与低压电极板交错相连组合成为电极单元。

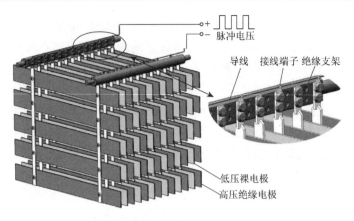

图 3.15　电极单元结构图

如图 3.15 所示，电极单元主要由 13 组电极板组成，其中高压电极板 6 组，低压电极板 7 组，每组电极板均由 5 块尺寸为 350mm×35mm×2mm 的铜片组成，电极板通过螺钉固定于水平的绝缘支架上，其中高压电极板、低压电极板与螺钉之间交替设置接线端子，通过接线端子可使两种电极板分别连接高压电源的正负极，由此可在该电极单元内形成 60 个电场反应区。此外，由于电极间距与油液的电导率有关，当油品电导率增大时，电极间距应相应增大，反之亦然。因此在绝缘支架上设置间距为 10mm 的安装孔，可根据油品性质调整每组电极板的间距，其最短间距为 10mm。

3. 电破乳器工作原理

废油乳化液从电破乳器的进油口注入，经配油管上的水平出油口平缓进入装置内，该出油口位于电极单元正下方，且均布宽度与电极单元宽度相同。注入的油液将自下而上流经电极单元的电场反应区，在电场作用下，废油乳化液中的小液滴相互接触、聚结，形成较大的水滴。聚结完成后，部分大水滴可沉降在罐体底部，并与上部的油液形成油-水界面，而其余油-水混合液则流至罐体顶部，经集油管从出油口排出。在装置底部排水口处设置破涡器，可防止排水时形成涡流，从而破坏油-水界面。此外，考虑到部分油液黏度较高，需加热后再注入装置进行破乳脱水处理，在装置顶部还设置压力表与排气口，可实时调节高温油液在罐内产生的压力。在装置端面还设置观察窗，可实时观察罐体内的情况，并通过调节排水量，控制油-水界面的高度。

3.3　旋流离心分离单元结构设计及其流场分布

3.3.1　旋流离心分离单元基本结构及工作原理

液-液水力旋流器按其结构不同，可分为单锥型旋流器、双锥型旋流器以及圆柱型旋流器，其中单锥型旋流器主要用于固-液与液-液分离；双锥型旋流器主要用于小粒径液-液分离；圆柱型旋流器主要用于重介质的分离。此外，按其用途不同，还可分为脱油型旋流器与脱水型旋流器，两种用途的旋流器分离原理基本相同，但其结构尺寸有较大差异。

本装置主要用于废油乳化液的脱水处理，且乳化液中液滴粒径较小，因此选用双锥双入口液-液脱水型旋流器。该旋流器的基本结构如图 3.16 所示，其主体包括入口段、溢流段、直管段、锥段以及底流段。

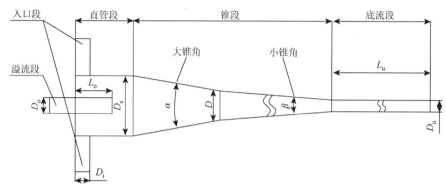

图 3.16　双锥双入口液-液脱水型旋流器结构示意图

在工作时，具有初始压力和速度的乳化液从装置入口射入旋流器的直管段，乳化液在旋流器直管段内形成高速旋转的液流，并通过锥段加速离心运动，最终形成相对于轴线运动方向相反的两种基本运动形式：内旋流和外旋流。由于乳化液中两相流体密度不同，在旋流离心场与重力场双重作用下，密度较大的液相（水）向下运动，从底流口排出，密度较小的液相（油）旋流上升至溢流口排出，从而实现油-水旋流分离。

3.3.2　结构参数设计

本节运用数值仿真的方法对旋流离心分离单元初始结构参数进行设计，通过分析不同结构参数对旋流器油-水分离效率的影响，得到旋流离心分离单元的初始结构参数。

1. 控制方程

（1）连续性方程[8]。

$$\frac{\partial \rho}{\partial t} + \frac{\partial}{\partial x_i}(\rho u_i) = 0 \tag{3.11}$$

该方程是质量守恒的总的形式，适合可压和不可压流动。

（2）纳维-斯托克斯（Navier-Stokes，N-S）方程[8]。

惯性坐标系下，i 方向的动量守恒方程为

$$\frac{\partial}{\partial t}(\rho u_i) + \frac{\partial}{\partial x_j}(\rho u_i u_j) = -\frac{\partial p}{\partial x_i} + \frac{\partial \tau_{ij}}{\partial x_j} + \rho g_i \tag{3.12}$$

式中，p 为静压；τ_{ij} 为应力张量，定义为 $\tau_{ij} = \left[\mu \left(\frac{\partial u_i}{\partial x_j} + \frac{\partial u_j}{\partial x_i} \right) \right] - \frac{2}{3} \mu \frac{\partial u_l}{\partial x_l} \delta_{ij}$；$\rho g_i$ 为重力体积力。

（3）能量守恒方程[9]。

$$\frac{\partial}{\partial t}(\rho E)+\frac{\partial}{\partial x_i}(u_i(\rho E+p))=\frac{\partial}{\partial x_i}\left(k_{\mathrm{eff}}\frac{\partial T}{\partial x_i}-\sum_{j'}h_{j'}J_{j'}+u_j(\tau_{ij})_{\mathrm{eff}}\right)+S_h \qquad (3.13)$$

式中，$k_{\mathrm{eff}}=k_t+k$，为有效导热系数（湍流导热系数根据湍流模型来定义）；$J_{j'}$ 为组分 j' 的扩散通量；等式右边小括号内三项分别为导热项、组分扩散项和黏性耗散项；S_h 为包括化学反应热和其他体积热源的源项，且

$$E=h-\frac{p}{\rho}+\frac{u_i^2}{2} \qquad (3.14)$$

对于理想气体，焓定义为 $h=\sum_{j'}m_{j'}h_{j'}$；对于不可压缩气体，焓定义为 $h=\sum_{j'}m_{j'}h_{j'}+\frac{p}{\rho}$。

$m_{j'}$ 为组分 j' 的质量分数，组分 j' 的焓定义为 $h_{j'}=\int_{T_{\mathrm{ref}}}^{T}c_{p,j'}\mathrm{d}T$，其中 $T_{\mathrm{ref}}=298.15\mathrm{K}$。

2. 几何建模及网格划分

出于对流场对称性和稳定性的考虑，本模型采用双向进液式结构，其基本结构参数如图 3.16 所示，其中包括公称直径 D、溢流口直径 D_o、入口直径 D_i、溢流管伸入长度 L_o、直管段直径 D_s、大锥角 α、小锥角 β、底流口直径 D_u 以及底流管长度 L_u 等。经广泛查阅文献及大量优化模拟，初步得到分离效率较高的旋流器各结构参数尺寸，如表 3.2 所示。为了得到分离效率更高的旋流器，本节将进一步对其各结构参数进行模拟优化，同时分析各参数对分离效率的影响规律。

表 3.2　双锥双入口液-液脱水型旋流器的参数尺寸

参数	D/mm	D_i/mm	D_o/mm	L_o/mm	α/(°)	β/(°)	D_u/mm	D_s/mm	L_u/mm
尺寸	26	12	18	45	20	3	10	70	400

双锥双入口液-液脱水型旋流器模型在网格划分方面采用混合网格，即六面体结构网格与四面体非结构网格。在保证精度的情况下，可大大缩短计算时间，同时对进出口网格进行局部加密，使计算精度得到进一步提高，如图 3.17 所示。

图 3.17　计算网格

3. 湍流模型的选择

雷诺应力模型基于各向异性，并且在描述复杂湍流方面更具优势，从而极大地改善了

对具有强旋湍流的旋流器的模拟结果。雷诺应力模型是一种精细化的湍流模型，可用于旋流器或旋流分离装置内部复杂的湍流，且具有较高的模拟精度[10]。因此采用雷诺应力模型对装置内部复杂的湍流进行模拟。

4. 多相流模型的选择

欧拉-欧拉方法可用来模拟油-水两相流动。特别地，Mixture 模型作为一种常用的简化的欧拉-欧拉方法，该模型作了一些假设：短空间尺度上局部平衡、各相之间有很强的耦合关系等。同时，该模型也可以用来模拟有强烈耦合的各相有相同速度的多相流和各向同性的多相流。Mixture 模型还可以模拟 n 相通过求解混合相的连续性方程、动量守恒方程、能量守恒方程和分散相的体积分数方程，以及相对速度的代数表示。该模型所需的计算时间少、计算精度较高，且适合于多相流分离的数值模拟[11]。因此，本节采用 Mixture 模型进行仿真模拟。

5. 边界条件及物性参数

初始边界条件设置如下：两入口均采用速度入口，由于入口流量为 8m³/h，计算得法向速度为 10m/s，其余两个方向速度为 0；溢流口与底流口均为自由出流，底流分流比为 10%；由于电场聚结后的水滴最大平均粒径为 200μm，设置分散相粒径为 200μm；压力项选择 PRESTO（pressure staggered option）算法；压力速度耦合采用 SIMPLEC（semi-implicit method for pressure linked equations consistent）算法；其他方程均选用 QUICK（quadratic upstream interpolation for convective kinetics）离散格式。由于 20#机油黏度与南充基础油接近，选用 20#机油作为连续相介质，在 25℃时，油-水混合液各成分物性参数见表 3.3。

表 3.3　混合液各成分物性参数

成分	$\rho/(kg/m^3)$	$\mu/(Pa\cdot s)$	入口体积比/%
20#机油	890	0.020	90
水	998	0.001	10

6. 初始结构参数设计

结构参数的变化直接影响油-水分离效率，本节将对双锥双入口液-液脱水型旋流器的 8 个结构参数分别进行优化模拟，并分析其对旋流器分离效率的影响规律，从而得到效果最优的初始结构参数。

在油-水分离时，关注更多的是排出液的纯净程度[12,13]，即溢流口脱水率和底流口脱油率。因此，本节将采用澄清效率（或净分离效率）公式来评价各结构参数对分离效率的影响，表达式如下：

$$E_c = 1 - \frac{\varphi}{\varphi_i} \tag{3.15}$$

式中，当计算溢流口脱水率时，φ 为溢流口含水体积分数，φ_i 为入口含水体积分数；当计算底流口脱油率时，φ 为底流口含油体积分数，φ_i 为入口含油体积分数。

1）公称直径 D 对分离效率的影响

公称直径是指大锥段与小锥段连接处的直径，对生产能力和分离粒度产生重要的影响。本节将根据既定流量和粒度参数对公称直径进行尺寸优化，并分析其对旋流器分离效率的影响，进而得到最佳公称直径。

公称直径 D 分别取 20mm、23mm、26mm 和 29mm，其他结构参数均不变。模拟结果中不同公称直径 D 对应的含油体积分数分布云图如图 3.18 所示。从图中可以清晰地看到，含油体积分数由上至下及由内至外均呈现出逐渐减小的趋势，当 $D = 26$mm 时，油核最为明显，溢流管附近含油体积分数最高，底流管处含油体积分数最低，从而分离效果最好。

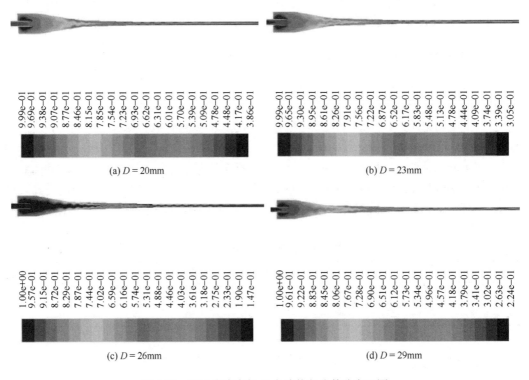

图 3.18　不同公称直径 D 含油体积分数分布云图

不同公称直径 D 对旋流器油-水分离效率的影响如图 3.19 所示。从图中可以看出，底流口脱油率和溢流口脱水率呈现出相同的变化趋势，即随着公称直径 D 的增大，分离效率显著提高，在 $D = 26$mm 处达到峰值，随后又逐渐降低。究其原因，主要是当公称直径太小时，小锥段明显变短，大大减少了油液在旋流器内的停留时间，缩短了油-水分离过程，不利于分离；而当公称直径过大时，大锥段太短，进入小锥段的油液离心速度太小，使得水相得不到足够的离心力而难以与油相分离，加上此时小锥段过长导致压降明显增大，综合导致分离效率的降低。因此，综合考虑，取旋流器公称直径 $D = 26$mm。

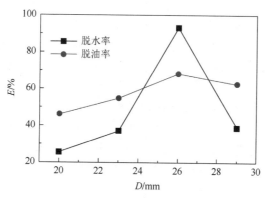

图 3.19　公称直径 D 对分离效率的影响

2）入口直径 D_i 对分离效率的影响

在入口流速一定的情况下，不同的入口直径会直接影响油液流量，从而在旋流器内形成不同规模的流场，产生不同的分离效果。本节将在其他结构尺寸不变的情况下，对入口直径进行尺寸优化，并分析其对旋流器分离效率的影响，从而得到最优入口直径。

入口直径 D_i 分别取 8mm、12mm、20mm 和 24mm，其他结构参数均不变。模拟结果中不同入口直径 D_i 对应的含油体积分数分布云图如图 3.20 所示。从图中可以清晰地看到，含油体积分数由上至下及由内至外均呈现出逐渐减小的趋势，当入口直径 $D_i=12$mm 时，油核最为明显，溢流管附近含油体积分数最高，底流管处含油体积分数最低，从而分离效果最优。

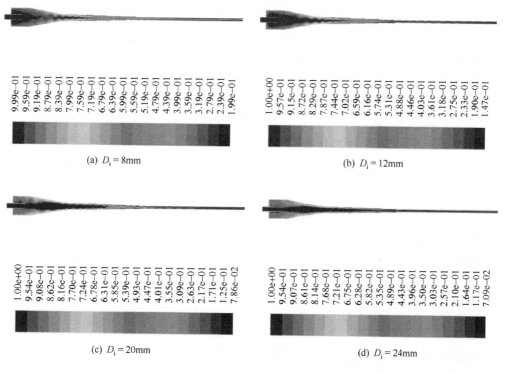

图 3.20　不同入口直径 D_i 含油体积分数分布云图

不同入口直径 D_i 对旋流器油-水分离效率的影响如图 3.21 所示。从图中可以看出，对于溢流口而言，随着入口直径 D_i 的增大，脱水率逐渐提高，当 D_i 超过 12mm 时，脱水率又逐渐下降；而对于底流口而言，当 D_i 为 8~20mm 时，脱油率基本不变，超过 20mm 以后，脱油率迅速下降。这主要是因为，当入口直径太小时，进入旋流器内的油液太少，无法形成一定规模的加速度离心场，使得水滴受到的离心力太小而无法从油中分离出来；而当入口直径太大时，旋流离心场急剧增大，过大的剪切力迫使大水滴发生破裂，加上此时湍流强度急剧增强，严重影响了水滴的沉降并且可能使已分离的油-水重新混合，从而造成分离效率的下降。因此，取旋流器入口直径 $D_i = 12$mm。

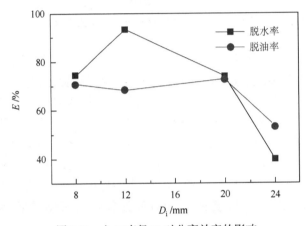

图 3.21　入口直径 D_i 对分离效率的影响

3）溢流口直径 D_o 对分离效率的影响

溢流管位于旋流器的中心轴线处，其主要作用是使内旋流区域的轻相油能及时排出，以免旋流器内的油-水重新混合。溢流口直径对旋流器的分离效率有重要的影响，过大或过小的溢流口径都不利于油-水分离，因此，本节将针对旋流器的溢流口直径进行尺寸优化，以期得到最优的溢流口直径，并分析溢流口直径对油-水分离效率的影响规律。

溢流口直径 D_o 取值分别为 16mm、18mm、20mm 和 22mm，其他结构参数均不变。模拟结果中不同溢流口直径 D_o 对应的含油体积分数分布云图如图 3.22 所示。从图中可以清晰地看到，含油体积分数由上至下及由内至外均呈现出逐渐减小的趋势，当溢流口直径 $D_o = 18$mm 时，油核最为明显，溢流管附近含油体积分数最高，底流管处含油体积分数最低，所以分离效果最好。

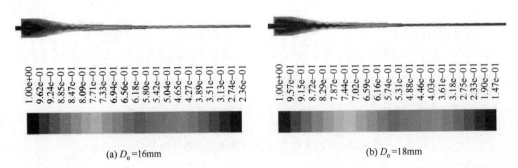

(a) $D_o = 16$mm　　　　　　　　　　　　　(b) $D_o = 18$mm

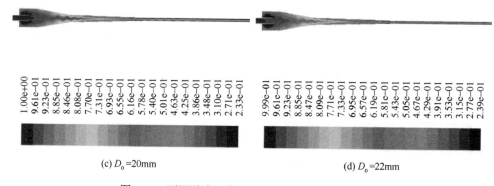

(c) D_o=20mm　　　　　　　　　　　　(d) D_o=22mm

图 3.22　不同溢流口直径 D_o 含油体积分数分布云图

不同溢流口直径 D_o 对旋流器油-水分离效率的影响如图 3.23 所示。从图中可以看出，溢流口脱水率和底流口脱油率呈现出相似的变化规律，即随着溢流口直径的增大，分离效率逐渐提高，在 D_o = 18mm 处达到最大，之后又逐渐降低。这主要是因为，当溢流口直径太小时，已被分离出的油液由于无法及时从溢流口排出，导致轴向速度的下降，从而破坏流场稳定性，并且当溢流口直径小于最大切向速度轨迹面时，短路流会因溢流管下端离心力减弱而增大，从而综合导致分离效率的下降；而当溢流口直径太大时，其远远超过了油核的直径，更多的分散相（水）会随着内旋流从溢流口排出，同时当溢流口直径大于零速包络面时，会造成流场紊乱，并且使油液过早地经溢流口流出，从而降低分离效率。因此，取溢流口直径 D_o = 18mm。

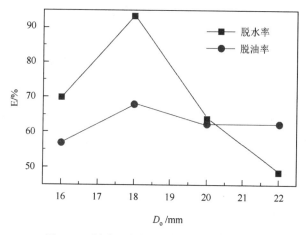

图 3.23　溢流口直径 D_o 对分离效率的影响

4）溢流管伸入长度 L_o 对分离效率的影响

溢流管包括外溢流管和内溢流管两部分。外溢流管伸出旋流器体外，用于将完成分离的溢流产物引流到指定地点，以便进行下一步加工处理；内溢流管伸入旋流器内部，其作用是减少短路流量、延长分离时间，最终实现提高分离效率的目的。显然，不同的溢流管伸入长度对旋流器分离效率产生重大的影响，因此，本节将针对溢流管伸入长度进行尺寸优化，并分析其对油-水分离效率的影响规律，从而得到最有利于分离的溢流管伸入长度。

溢流管伸入长度 L_o 分别取 0mm、30mm、45mm 和 55mm，其他结构参数均不变。模拟结果中不同溢流管伸入长度 L_o 对应的含油体积分数分布云图如图 3.24 所示。从图中可以清晰地看到，含油体积分数由上至下及由内至外均呈现出逐渐减小的趋势，当溢流管伸入长度 L_o = 45mm 时，油核最为明显，溢流管附近含油体积分数最高，底流管附近含油体积分数最低，从而分离效果最优。

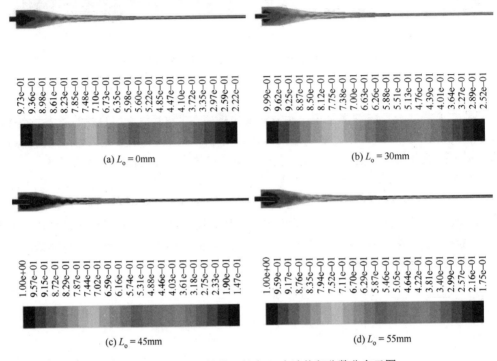

(a) L_o = 0mm　　　　　　　　　　(b) L_o = 30mm

(c) L_o = 45mm　　　　　　　　　　(d) L_o = 55mm

图 3.24　不同溢流管伸入长度 L_o 含油体积分数分布云图

不同溢流管伸入长度 L_o 对旋流器油-水分离效率的影响如图 3.25 所示。从图中可以看出，溢流口脱水率随溢流管伸入长度的增大有一个先上升后降低的趋势，而底流口脱油率变化不明显，但两者均在 L_o = 45mm 处达到最大。产生这种结果的主要原因是，当溢流管伸入长度太短甚至没有时，短路流现象十分严重，使得射入的部分油液未经分离直接由溢流管排出，从而导致分离效率的严重下降；而当溢流管伸入长度过长时，大大降低了内漩涡的高度，缩短了液滴分离时间，从而造成油-水分离效率的下降。因此，取溢流管伸入长度 L_o = 45mm。

5）大锥角 α 对分离效率的影响

旋流器大锥段又称收缩腔，连接圆柱段与小锥段，根据角动量守恒原理，流体旋转速度会随着大锥段的收缩而迅速增大，进而实现强化离心力场的目标。然而，大锥角过大时，锥体太短，油-水分离时间亦太短，不利于分离；大锥角过小时，离心加速度不足，使油-水难以分离，所以有必要对旋流器大锥角进行优化，并分析其对油-水分离效率的影响规律，从而得到最有利于分离的大锥角。

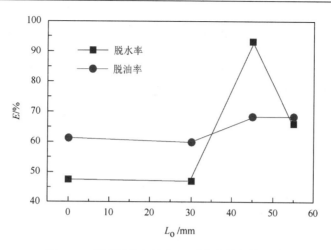

图 3.25　溢流管伸入长度 L_o 对分离效率的影响

大锥角 α 分别取 16°、20°、22° 和 24°，其他结构参数均不变。模拟结果中不同大锥角 α 对应的含油体积分数分布云图如图 3.26 所示。从图中可以清晰地看到，含油体积分数由上至下及由内至外均呈现出逐渐减小的趋势，当大锥角 $\alpha = 20°$ 时，油核最为明显，溢流管附近含油体积分数最高，底流管附近含油体积分数最低，从而分离效果最佳。

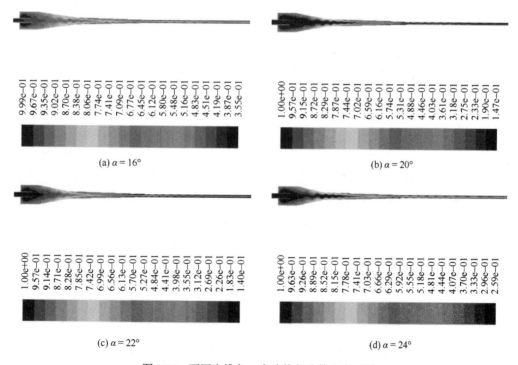

图 3.26　不同大锥角 α 含油体积分数分布云图

不同大锥角 α 对旋流器油-水分离效率的影响如图 3.27 所示。从图中可以看出，随着大锥角的增大，溢流口脱水率和底流口脱油率均先增大后减小，并且分别在 $\alpha = 20°$ 和 $\alpha = 22°$ 处取得最大值。主要是因为当大锥角过小时，旋流加速度场太小，无法使油液在过渡段获得足够大的离心力，加上此时大锥段过长导致压降变大，从而导致分离效率下降；而当大锥角过大时，大锥段过短，可能会导致循环流进入小锥段，使得已分离的油-水再次混合，同时旋流速度急剧增大导致油核区出现紊流，共同导致分离效率的下降。因此，综合考虑，取旋流器大锥角 $\alpha = 20°$。

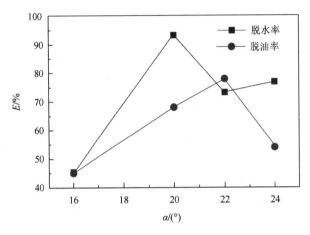

图 3.27　大锥角 α 对分离效率的影响

6）小锥角 β 对分离效率的影响

小锥段连接着大锥段与底流管，是旋流器实现油-水分离的主要分离段。当流体从大锥段以高强度的旋流进入小锥段后，由于旋流器的进一步收缩，旋流强度进一步加强，离心速度也进一步加大。此外，细长的小锥段使得流体在旋流器内的停留时间变长，从而实现油-水充分分离。显然，小锥角的变化对旋流器的分离效率产生重要的影响，所以，本节将对小锥角进行优化，并分析小锥角对油-水分离效率的影响规律，以期得到最佳小锥角。

小锥角 β 分别取 2°、2.5°、3°、3.5° 和 4°，其他结构参数均不变。模拟结果中不同小锥角 β 对应的含油体积分数分布云图如图 3.28 所示。从图中可以清晰地看到，含油体积分数由上至下及由内至外均呈现出逐渐减小的趋势，当小锥角 $\beta = 3°$ 时，油核最为明显，溢流管附近含油体积分数最高，底流管附近含油体积分数最低，从而分离效果最佳。

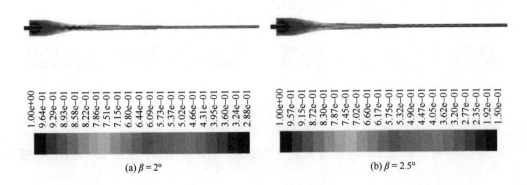

(a) $\beta = 2°$　　　　　　　　　　　　　　　(b) $\beta = 2.5°$

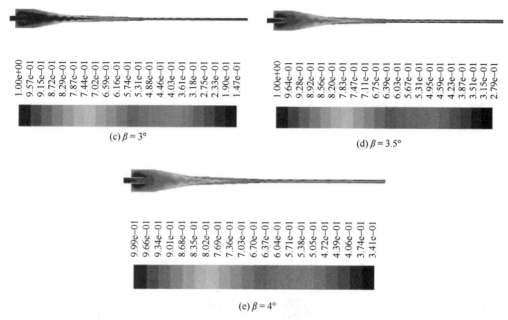

(c) $\beta = 3°$ (d) $\beta = 3.5°$

(e) $\beta = 4°$

图 3.28 不同小锥角 β 含油体积分数分布云图

不同小锥角 β 对旋流器油-水分离效率的影响如图 3.29 所示。从图中可以看出，溢流口脱水率和底流口脱油率均随着小锥角 β 的增大呈现先增大后减小的趋势，并且分别在 $\beta = 3°$ 和 $\beta = 2.5°$ 处取得峰值。这是因为小锥段本身呈细长状，角度的细微改变会导致长度的明显伸缩，当小锥角过小时，油液旋流加速过缓，达不到一定的离心分离速度，加上此时小锥段过长导致压降急剧增大，不利于分离；而当小锥角过大时，小锥段明显变短，导致油-水没有足够时间实现充分分离，同时小锥角过大使得离心速度急剧增大，导致大的水滴发生破裂，从而造成分离效率的下降。因此，取旋流器小锥角 $\beta = 3°$。

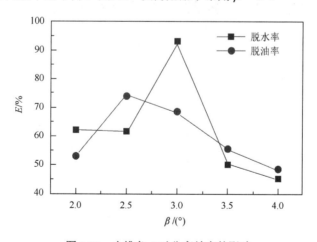

图 3.29 小锥角 β 对分离效率的影响

7）底流口直径 D_u 对分离效率的影响

底流口直径即小锥段尾段处的口径，底流口直径的变化会直接影响小锥段的长度，从而对旋流器的生产能力及油-水分离效率产生重要的影响。因此，本节将对底流口直径进行优化，同时分析其对油-水分离效率的影响规律，最终得到最优底流口直径。

底流口直径 D_u 分别取 8mm、9mm、10mm、11mm 和 12mm，其他结构参数均不变。模拟结果中不同底流口直径 D_u 对应的含油体积分数分布云图如图 3.30 所示。从图中可以清晰地看到，含油体积分数由上至下及由内至外均呈现出逐渐减小的趋势，当底流口直径 $D_u = 10mm$ 时，油核最为明显，溢流管附近含油体积分数最高，底流管附近含油体积分数最低，从而分离效果最佳。

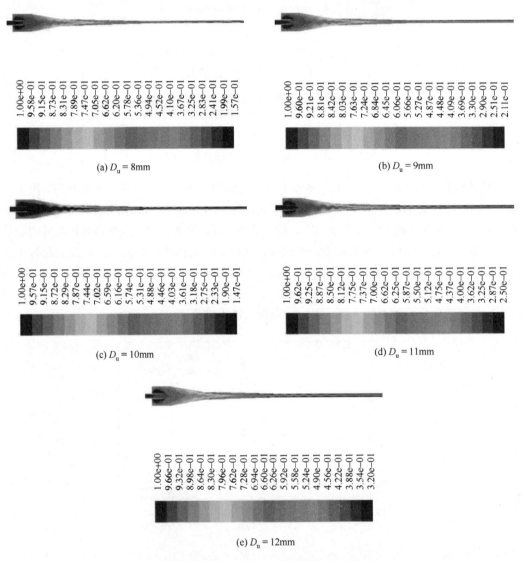

图 3.30 不同底流口直径 D_u 含油体积分数分布云图

不同底流口直径 D_u 对旋流器油-水分离效率的影响如图 3.31 所示。从图中可以看出，

随着底流口直径 D_u 的增大，溢流口脱水率有一个明显的上升和下降的变化，而底流口脱油率变化缓慢，但均在 $D_u = 10\text{mm}$ 处取得最大值。究其原因，主要是当底流口直径太小时，已经分离的油液由于无法及时从底流口排出而重新混合，同时小锥段过长使得压力降过大，从而降低了分离效率；而当底流口直径太大时，小锥段明显变短，大大缩短了油液停留时间，同时导致进入底流直管段的油液离心速度太小，无法实现进一步的油-水分离，综合导致分离效率的下降。因此，选择旋流器底流口直径 $D_u = 10\text{mm}$。

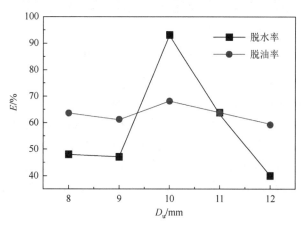

图 3.31　底流口直径 D_u 对分离效率的影响

8）底流管长度 L_u 对分离效率的影响

底流管即圆柱形尾管，是重相水的主要出口，其主要作用是保持中心油核的稳定性并收集更小的分散相液滴。过短的底流管难以维持油核的稳定，严重影响分离效果；过长的底流管会造成大的压降，不利于油-水分离。因此，底流管长度无疑是影响旋流器分离效率的重要因素，本节将针对底流管长度进行尺寸优化，同时分析其对油-水分离效率的影响规律，从而得到最佳的旋流器底流管长度。

底流管长度 L_u 分别取 0mm、200mm、400mm 和 600mm，其他结构参数均不变。模拟结果中不同底流管长度 L_u 对应的含油体积分数分布云图如图 3.32 所示。从图中可以清晰地看到，含油体积分数由上至下及由内至外均呈现出逐渐减小的趋势，当底流管长度 $L_u = 400\text{mm}$ 时，油核最为明显，溢流管附近含油体积分数最高，底流管附近含油体积分数最低，从而分离效果最优。

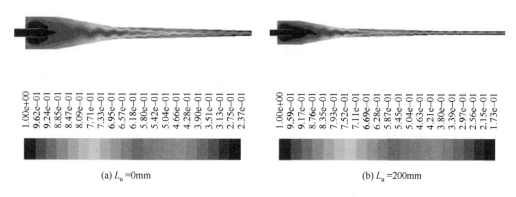

(a) $L_u = 0\text{mm}$　　　　　　　　　　　　　　　(b) $L_u = 200\text{mm}$

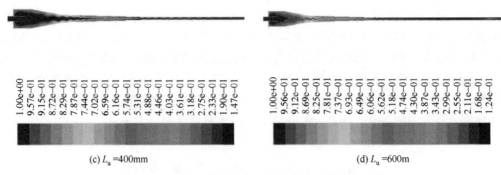

(c) L_u=400mm   (d) L_u=600m

图 3.32　不同底流管长度 L_u 含油体积分数分布云图

不同底流管长度 L_u 对旋流器油-水分离效率的影响如图 3.33 所示。从图中可以看出，溢流口脱水率和底流口脱油率均随底流管长度 L_u 的增大呈现先上升后降低的变化规律，尤其是溢流口脱水率的变化更为明显，并且均在 L_u = 400mm 处达到最高。这主要是因为当底流管长度太小甚至没有时，经小锥段旋流的油液无法在底流管内获得稳定的流场以及进一步的旋流分离，从而造成分离效率的下降；而当底流管长度太大时，旋流器压降明显增大，不利于油-水分离，从而导致分离效率的下降，尤其是溢流口脱水率。因此，取旋流器底流管长度 L_u = 400mm。

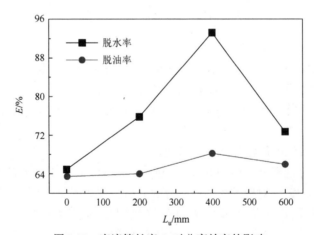

图 3.33　底流管长度 L_u 对分离效率的影响

通过以上模拟分析，得到了处理低含水体积分数的油脱水型旋流器初始结构尺寸，如表 3.2 所示。该结构的旋流器含油体积分数分布云图如图 3.34 所示。从图中可以看到，由内至外以及由下至上含油体积分数逐渐增大，最高达 100%，并且可以清晰地看到旋流器中油核的位置。因而，从模拟仿真的角度来看，该结构旋流器脱水率和脱油率分别为 93.1% 和 68.2%，已达到很好的油-水分离效果。

3.3.3　结构参数优化

由旋流离心分离单元的工作原理可知，旋流器的锥段可加速乳化液的离心作用，是非

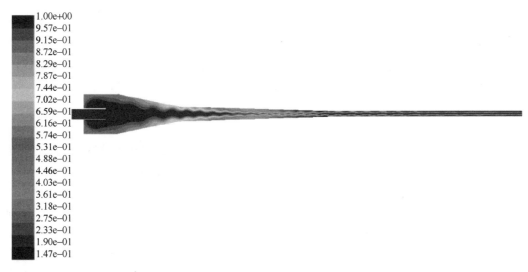

图 3.34　最佳结构旋流器含油体积分数分布云图

常重要的分离区域，通过优化锥段的结构参数可以有效地改善装置的分离性能。特别地，锥角是一个非常重要的设计参数，对装置的分离性能会产生非常明显的影响[14]。因此，本节利用数值模拟方法研究不同锥段的结构参数（大锥角、小锥角和公称直径）对旋流器分离效率的影响，得到最佳几何参数。

1. 数值模型

如图 3.35 所示，旋流器的主要结构参数包括公称直径 D、直管段直径 D_s、溢流口直径 D_o、入口直径 D_i、溢流管伸入长度 L_o、底流管长度 L_u、底流口直径 D_u、大锥角 α 和小锥角 β。根据 3.3.2 节的讨论，取 D_s、D_o、D_i、L_o、L_u、D_u 的值分别为 70mm、18mm、12mm、45mm、400mm 和 10mm，且均保持不变。

利用 ANSYS Meshing 模块对旋流器模型进行网格划分，如图 3.17 所示。为确定网格的独立性，通过改变划分条件得到三组网格数量：227931 个、342128 个和 453864 个。考虑到预测精度以及计算花费，网格数量为 342128 个可以满足数值计算要求。

图 3.35　旋流器网格划分图

2. 物性参数及边界条件

本节设圆柱形入口为速度入口，且其法向速度为 10m/s，轴向和径向速度为零。入口处的湍流强度为 5%，直径为 12mm。设模型的溢流口与底流口均为自由出流，且分流比分别为 0.9 和 0.1。其他壁面为无滑移边界条件。

乳化液中连续相为油，分散相为水。油的含水体积分数为 10%，其分散相水滴平均粒径为 200μm。为了确保乳化液在旋流器中能有较高的分离效果，本节对油液进行加热处理，从而降低油液黏度，且加热温度设定为 70℃。在该温度下，油相的密度为 863kg/m³，黏度为 16.807mPa·s；水相的密度为 998.3kg/m³，黏度为 1.3mPa·s。

3. 仿真结果分析

为了便于分析各结构参数对旋流器锥段流场的分布，本节选取直管段与大锥段交界处的横截面（S1）、大锥段与小锥段交界处的横截面（S2）进行研究。

1）小锥角 β 对切向速度分布的影响

设旋流器的大锥角和公称直径分别为 20°和 26mm，小锥角为 2°、3°、4°、5°和 6°。切向速度作为流动速度的主要分量，在两相分离中占主导地位。经数值计算，两横截面（S1 和 S2）上的切向速度分布如图 3.36 所示。从图 3.36 可以看出，小锥角的变化对切向速度的影响较为明显。详细地，由图 3.36（a）可知，当 0.1<|r/R|<0.8 时，小锥角为 5°和 6°时的切向速度明显大于小锥角为 2°、3°和 4°时的切向速度。这表明当小锥角为 5°和 6°时旋流器大锥段具有更大的切向速度，分散相液滴受到更大的离心力，从而使得油-水两相分离更充分。从图 3.36（b）中可以看出，小锥角为 5°和 6°条件下的切向速度几乎均大于小锥角为 3°和 4°条件下的切向速度，且小锥角为 5°时切向速度在整个截面区域内均最大。这表明小锥角为 5°时，旋流器小锥段的切向速度更大，具有更大的分离能力，因此在该条件下废油乳化液分离更加充分。

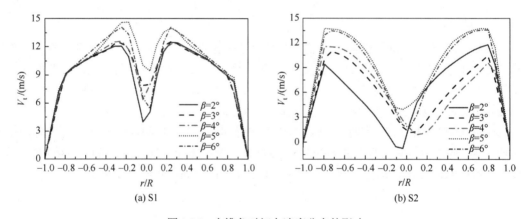

图 3.36　小锥角对切向速度分布的影响

2）大锥角 α 对切向速度分布的影响

设旋流器的小锥角和公称直径固定不变，且分别为 3°和 26mm，大锥角为 16°、18°、20°、22°和 24°。经数值计算，S1 和 S2 截面上的切向速度分布如图 3.37 所示。由图可知，大锥角的变化对切向速度的影响明显。从图 3.37（a）可以看出，当 0.3<|r/R|<0.8 且大锥角从 16°增大到 22°时，切向速度逐渐增大，但继续增大大锥角到 24°，切向速度减小。特别地，在|r/R|<0.2 内，大锥角为 24°时的切向速度低于大锥角为 20°时的切向速度。这表明，在 16°~22°的大锥角内，增大大锥角可有效地提高旋流器大锥段分散相所受的离心力，从而促进水相从乳化液中分离；继续增大大锥角到 24°时，分散相液滴所受离心力下降，且在强制涡区域内分散相液滴的

受力低于大锥角为 20°时的受力。因此，当大锥角为 22°时，旋流器的大锥段具有较好的油-水分离效果。图 3.37（b）也表明，在大锥角为 22°时，分散相在旋流器的小锥段所受离心力更大，具有更好的分离能力。综上，旋流器大锥角为 22°时能够较好地分离废油乳化液。

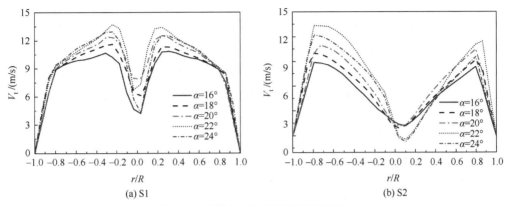

图 3.37　大锥角对切向速度分布的影响

3）公称直径对切向速度分布的影响

设大、小锥角分别为 20°和 3°，且均固定不变，公称直径分别为 20mm、22mm、24mm、26mm 和 28mm。经数值计算，两截面上的切向速度分布如图 3.38 所示。由图可知，公称直径的变化对旋流器切向速度分布影响明显，即对废油乳化液的分离有明显的影响。详细地，从图 3.38（a）可以看出，在整个截面范围内，公称直径为 20mm 和 22mm 时的切向速度均大于另三个公称直径时的切向速度；在-0.3<r/R<0.3 内，公称直径为 20mm 时的切向速度最高，这表明在此公称直径下，旋流器大锥段分散相液滴受到较大的离心力，更利于油-水两相的分离。从图 3.38（b）可以看出，在 r/R<0 内，公称直径为 20mm 和 22mm 时的切向速度基本相同，且均大于另三个公称直径时的切向速度。在 0.5<r/R<1 内，公称直径为 20mm 和 22mm 时的切向速度仍最大。这也说明了公称直径为 20mm 和 22mm 时旋流器小锥段的油-水分离效果更好，有利于提高装置的分离效率。综上可知，当公称直径为 20mm 时更有利于乳化液在旋流器中的分离。

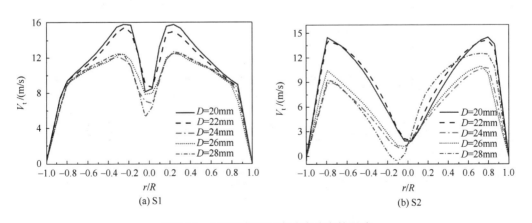

图 3.38　公称直径对切向速度分布的影响

通过以上模拟分析，得到了旋流器小锥角、大锥角和公称直径的最佳取值分别为 5°、22° 和 20mm，在此条件下脱水率和脱油率的计算值分别为 87.03% 和 77.36%，油-水分离效果较理想。

3.3.4　安装倾角对脱水率的影响

为了研究旋流器的安装倾角对乳化液分离效率的影响，采用数值模拟方法分别对 4 种安装倾角下的油-水分离情况进行研究。旋流器的结构参数及油-水相物性参数不变，取旋流器中轴线与水平面夹角分别为 0°、30°、60° 和 90°。不同倾角下的 $x = 0\text{mm}$ 横截面上含水体积分数分布云图如图 3.39 所示。从图中可以看出，随着安装倾角的变化，含水体积分数无明显变化。这表明安装倾角对油-水分离效果的影响不明显，即重力对离心场中油-水分离过程影响较小。

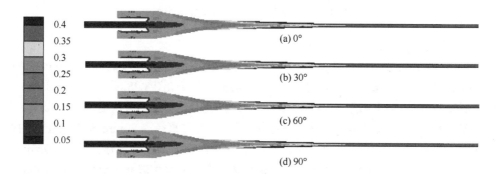

图 3.39　$x = 0\text{mm}$ 横截面上含水体积分数分布云图

不同安装倾角条件下 $x = 0\text{mm}$ 且 $0\text{mm} < z < 300\text{mm}$ 横截面上含水体积分数分布云图如图 3.40 所示。由图可知，安装倾角从 0° 增大到 60°，含水体积分数低于 0.385 的油液区域略有增长，但增长幅度不明显，且安装倾角继续增大到 90°，含水体积分数变化不明显。类似地，安装倾角从 0° 增大到 60°，含水体积分数高于 0.405 的油液区域略有增长，但增

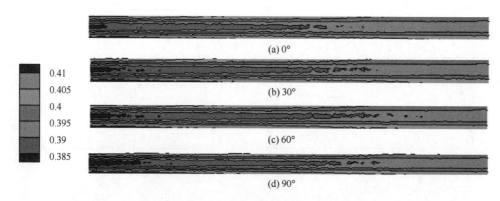

图 3.40　$x = 0\text{mm}$ 且 $0\text{mm} < z < 300\text{mm}$ 横截面上含水体积分数分布云图

加值较小，且安装倾角继续增大到 90°，含水体积分数变化不明显。此外，其他含水体积分数区域分布基本相同。这说明了安装倾角的变化对油-水分离的影响很小。

为了进一步研究安装倾角对分离效果的影响，取 4 个垂直于 z 轴的横截面，且 z 分别为 100mm、300mm、705mm 和 855mm。4 个横截面上不同安装倾角条件下的含水体积分数分布曲线如图 3.41 所示。

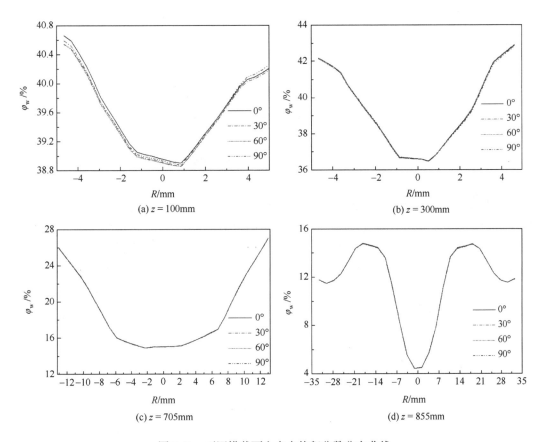

(a) z = 100mm

(b) z = 300mm

(c) z = 705mm

(d) z = 855mm

图 3.41　不同横截面上含水体积分数分布曲线

从图 3.41（a）可以清楚地看出，随安装倾角的增大，在-5mm<R<1mm 内，含水体积分数呈逐渐减小的趋势。详细地，当安装倾角从 0°增大到 60°时，R<1mm 内的含水体积分数降低，R>1 内的含水体积分数无明显变化。这表明旋流器的安装倾角在 0°～60°内增加时，沿着负方向上的含水体积分数增加，继续增大安装倾角对其影响较小。其原因是部分水滴在重力作用下沿着负方向沉降。这表明安装倾角的变化对底流口附近的水滴沉降有微小的影响，但这不足以引起较为明显的沉降。这与上述对分布云图的分析一致。从图 3.41（b）～（d）可明显看出，安装倾角的变化对含水体积分数不产生影响。这表明安装倾角的变化对旋流器其他区段内的油-水分离不产生影响。

不同安装倾角条件下旋流器的分离效率如图 3.42 所示。从图中可知，安装倾角的变化对分离效率无明显影响。因此，安装倾角的变化对旋流器的影响可忽略不计。

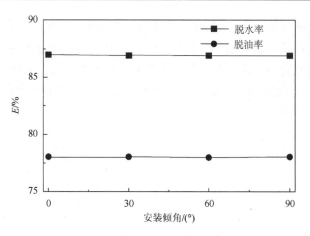

图 3.42　不同安装倾角条件下旋流器的分离效率

3.4　分离系统参数调控

在上述结构参数确定的情况下，入口流量 Q_i、入口含水体积分数 φ_i、底流分流比 R_f 以及液滴粒径 d 等操作参数也会对该旋流器工作能力和分离效率产生重要影响。鉴于此，本节将重点分析上述四种操作参数对油-水分离效率的影响规律，从而得到适用于确定旋流器结构条件下的最佳操作参数。

3.4.1　入口流量对破乳脱水的影响

作为脱水型旋流器的一个最为重要的操作参数，入口流量不仅直接决定了生产能力，而且对油-水混合物在旋流器内部的停留时间及湍流程度影响较大。在入口截面（进料口）直径不变的情况下，入口流量与入口流速成正比。入口流量不足，入口流速就不够，产生的离心力也较小，难以实现油-水旋流分离。但是，入口流量过大会带来一些不利的影响，主要是流速大会增加液滴的剪切破碎；此外，流速过大造成油液在旋流器中的停留时间过短，降低了分离效率。因此，考察入口流量的变化对旋流器分离效率的影响是十分必要的。

本节分别考察入口流量为 $4m^3/h$、$5.6m^3/h$、$7.2m^3/h$、$8m^3/h$ 和 $9.6m^3/h$ 等五种条件对旋流器破乳脱水的影响情况。同样，与分析旋流器结构参数对单元分离效率影响的研究思路一致，首先还是考察在五种入口流量条件下模拟仿真得到的单元含油体积分数分布云图（图 3.43）。可清晰地看到，当入口流量为 $8m^3/h$ 时，溢流管附近的油核最为明显，说明在此条件下旋流器破乳脱水效果最佳。图 3.44 表明，随着入口流量的增大，溢流口的脱水率和底流口的脱油率均有上升的变化趋势；当入口流量大于 $8m^3/h$ 时，分离效率便不再提升而开始缓慢下降。存在的原因为：①随着入口流量的增大，旋流器入口流速也相应增大，可为流体提供较大持续的旋流离心力，从而增进旋流分离的效果；②但若入口流速过大，产生的过大离心力会促使乳化液中水滴剪切破碎，并且大的旋流速度会增大单位内部流体的湍流强度，尤其是当湍动能等于或大于离心分离能量时，已分离的油和水会重新混合，上述两个方面均会降低分离效率。从模拟结果看，旋流器入口流量为 $8m^3/h$ 时分离效果最佳。

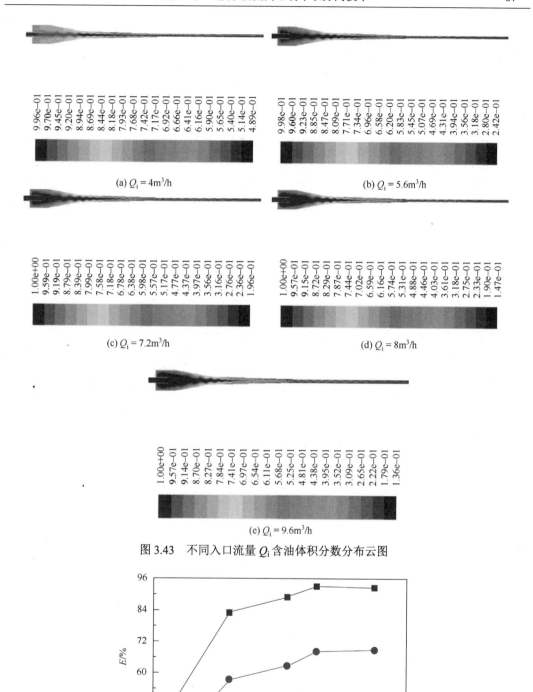

图 3.43　不同入口流量 Q_i 含油体积分数分布云图

图 3.44　入口流量 Q_i 对分离效率的影响

3.4.2　底流分流比对破乳脱水的影响

底流分流比 R_f 是指旋流器底流口流量 Q_u 与入口流量 Q_i 的比值,反映了底流与溢流的流量平衡程度。那么,如何在获得最佳的底流分流比(能够实现较高溢流口脱水率)的同时,底流口脱油率也不能太低,将是本节研究的核心内容。

取底流分流比分别为 6%、8%、10%、12%和14%,研究其对旋流器破乳脱水的影响情况。从含油体积分数分布云图(图3.45)可得出,当底流分流比 10%≤R_f≤14%时,溢流管附近含油体积分数都很高,然而底流管附近含油体积分数相差较大。本节认为,R_f=10%时可得到理想的分离效果。

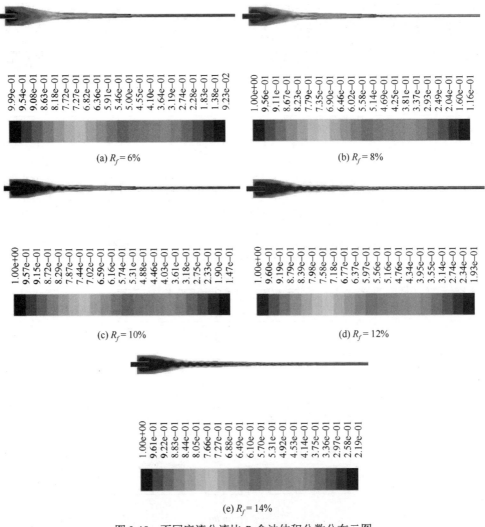

图 3.45　不同底流分流比 R_f 含油体积分数分布云图

图 3.46 表明,随着底流分流比的增大,前半段溢流口脱水率会快速上升,后半段变化缓慢,且维持在较高分离效率区域;而底流口脱油率则随着底流分流比的增大呈近似线性下降。因此,对于脱水型旋流器而言,底流分流比的增大会提高溢流口脱水率,然而同时会导致底流口脱油率的下降,主要原因是随着底流分流比的增大,底流流量增大,使得部分油-水混合液未经完全分离便从底流口排出,从而降低了底流口脱油率,同时,由于从底流口流出的水量增大,溢流口出水量降低,从而提高了溢流口脱水率。

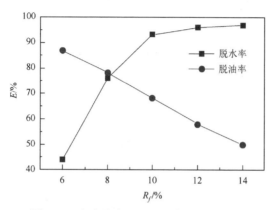

图 3.46　底流分流比 R_f 对分离效率的影响

3.4.3 入口含水体积分数对破乳脱水的影响

脱水型旋流器的分离过程是乳化液中的分散相(水)液滴在旋流器中受离心力的作用,沿轴向方向和径向方向沉降,存在相互干涉,同时其沉降的快慢受两个方向的水相浓度的影响,而这两个方向的水相浓度是由乳化液在旋流器入口含水体积分数决定的,所以入口含水体积分数对旋流器分离过程的完善程度及分离粒度产生较大的影响。因此,本节将着重探讨入口含水体积分数对油-水分离效率的影响。

在数值模拟过程中,选取入口含水体积分数 φ_i 分别为 8%、10%、12%和 15%。由上述四种条件下的含油体积分数分布云图(图 3.47)可看出,当入口含水体积分数为 8%和 10%时,溢流管附近含油体积分数比较接近,且明显高于其他两种条件下的含油体积分数;当入口含水体积分数为 10%、12%和 15%时,底流管附近含油体积分数比较接近,且明显低于入口含水体积分数为 8%时的含油体积分数。因此,选取入口含水体积分数为 10%的分离效果最好。

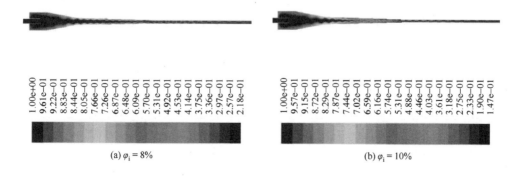

(a) $\varphi_i = 8\%$　　　　　　　　　　(b) $\varphi_i = 10\%$

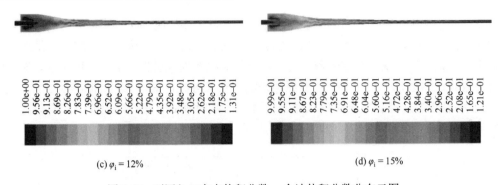

(c) $\varphi_i = 12\%$　　　　　　　　　　　(d) $\varphi_i = 15\%$

图 3.47　不同入口含水体积分数 φ_i 含油体积分数分布云图

四种入口含水体积分数条件下旋流器油-水分离效率曲线如图 3.48 所示。曲线图表明，溢流口脱水率随着入口含水体积分数的增大而降低，当入口含水体积分数>10%时溢流口脱水率迅速下降；相反，底流口脱油率随着入口含水体积分数的增大而逐渐提高，当入口含水体积分数>10%时脱油率的变化则不大。出现这种现象的主要原因是，当入口含水体积分数太小时，液体中含油体积分数极高，自然从底流口流出的含水体积分数也低，从而底流口脱油率也小；而当入口含水体积分数过大时，大量的水聚集在底流口附近，导致底流排水阻力增大，部分水发生倒流从溢流口流出，降低了溢流口脱水率。

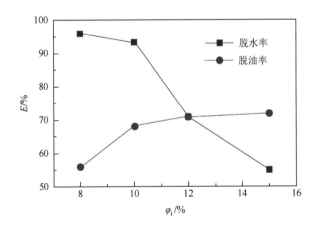

图 3.48　入口含水体积分数 φ_i 对分离效率的影响

3.4.4　液滴粒径对破乳脱水的影响

乳化液液滴粒径是脱水型旋流器破乳脱水的一个重要影响因素。容易理解，乳化液液滴粒径越大，在旋流器中受到的离心力也大，那么油-水分离效果也就越好。但也要看到，过大的乳化液液滴在旋流器中在旋流剪切力的作用下极易发生破裂，此过程属于乳化过程，与破乳脱水相反。本节将重点讨论液滴粒径对分离效率的影响。

　　本节选取液滴粒径 d 分别为 $100\mu m$、$150\mu m$、$200\mu m$、$250\mu m$ 和 $300\mu m$。同样模拟分析上述五种液滴粒径条件下含油体积分数分布云图（图 3.49）。在图 3.49 中，在液滴粒径为 $200\mu m$ 和 $250\mu m$ 的条件下，溢流管附近含油体积分数比较接近，且明显高于其他三种液滴粒径条件的含油体积分数；然而当液滴粒径为 $200\mu m$、$250\mu m$ 和 $300\mu m$ 时，底流管附近含油体积分数比较接近，且明显低于其他两种液滴粒径条件的含油体积分数。由此可见，当液滴粒径为 $200\mu m$ 时旋流器中乳化液的破乳脱水效果最佳。

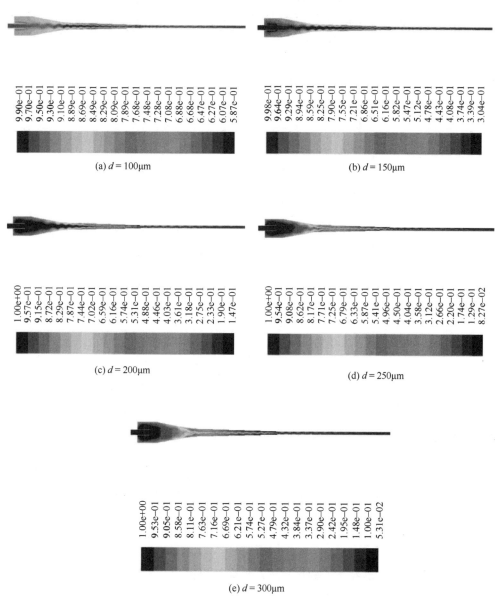

图 3.49　不同液滴粒径 d 含油体积分数分布云图

　　由图 3.50 中五种液滴粒径 d 条件下旋流器油-水分离效率影响曲线发现，旋流器在溢流口的脱水率随着乳化液液滴粒径的增大呈现出先增后降的趋势，曲线变化顶点在液滴粒径为 200μm 的位置；而在底流口的脱油率却随着乳化液液滴粒径的增大而逐渐提高，在液滴粒径＞200μm 曲线段，脱油率上升比较缓慢。粒径过小的液滴在旋流器内受到的离心力太小，增大了分离难度。不难想象，随着液滴粒径的逐渐增大，其受到的离心力变大，分离效率应是逐渐升高的。然而，粒径过大的液滴在旋流离心场强剪切力的作用下容易发生破裂，变成更小的水滴，被油液带入内旋流从溢流口排出，降低了溢流口脱水率。对于底流管而言，大的液滴粒径从总体上是有利于水滴在底流管的沉降分离的，所以其脱油率是逐渐增大的。综上，通过对耦合单元本体——旋流器的入口流量、底流分流比、含水体积分数及液滴粒径四种操作参数的数值模拟与分析，得到了适用于最佳结构旋流器的最佳操作参数，分别为 $Q_i = 8\mathrm{m^3/h}$，$R_f = 10\%$，$\varphi_i = 10\%$和 $d = 200\mathrm{μm}$。

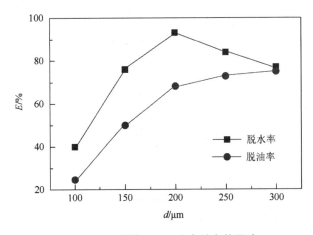

图 3.50　液滴粒径 d 对分离效率的影响

3.5　电场-旋流离心场串联分离装置与实验

3.5.1　分离装置及其工作原理

　　基于前面对电场脱水单元与旋流离心分离单元的设计，依托合作企业分别对电破乳器与旋流器进行了加工制造，同时，为便于开展相关实验，分别搭建了电破乳器破乳实验装置（图 3.51）与旋流离心脱水实验装置（图 3.52）。两台装置可分别开展破乳脱水实验，也可将两台装置共同搭建成双场联合破乳脱水实验平台，如图 3.53 所示，从而开展双场联合破乳脱水实验。

　　在进行双场联合破乳脱水实验过程中，首先开启控制阀 1，关闭控制阀 2，配液罐中的乳化液在排油泵的作用下从电破乳器的底部注入罐体内，通过控制高压脉冲电源，调节电场破乳参数。进入电破乳器内的乳化液自下而上流经电场反应区，然后从电破乳器顶部的出油口排入缓冲罐中。缓冲罐中的乳化液在单螺杆泵的作用下高速射入旋流器中，在单

图 3.51　电破乳器破乳实验装置

图 3.52　旋流离心脱水实验装置

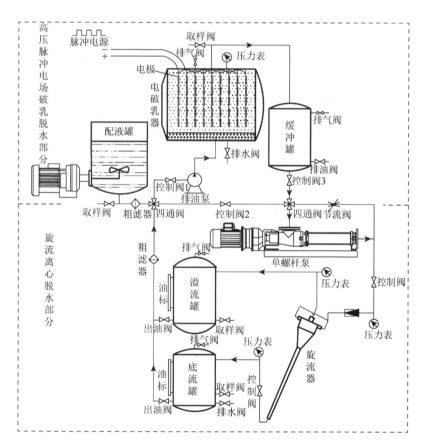

图 3.53　双场联合破乳脱水实验平台工作原理

螺杆泵与旋流器之间的管道上设置节流阀和流量计，可用于控制旋流器的入口流量。射入旋流器的乳化液经旋流分离后，密度较大的液相（水）向下运动，从底流口排入底流罐中，密度较小的液相（油）旋流上升至溢流口排入溢流罐中，最后可通过底流罐与溢流罐的取样阀分别取样检测，从而完成双场联合破乳脱水实验。此外，当关闭控制阀 1，开启控制阀 2 时，单螺杆泵可将配液罐中的乳化液直接注入旋流器中，即可开展单一旋流离心场脱水实验。

整个工艺的核心在于电破乳器中的高压脉冲电场破乳与旋流器中的旋流离心脱水。要使其分离效率达到最高，需确定高压脉冲电场最佳工作参数以及旋流器最佳操作参数。

3.5.2　含水体积分数测定方法与仪器

乳化液中含水体积分数的测定采用蒸馏法，测定仪器为 FDR-1511 石油产品水分测定仪（长沙富兰德实验分析仪器有限公司），该水分测定仪主要由圆底玻璃烧瓶、直管冷凝器以及带有刻度的玻璃接收器等组成，如图 3.54 所示。此外，该水分测定仪还包括一个帽子形状的电加热套，可以均匀地对圆底玻璃烧瓶进行加热。

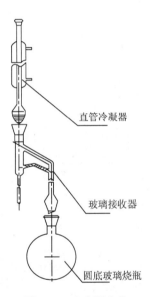

直管冷凝器

玻璃接收器

圆底玻璃烧瓶

图 3.54　水分测定仪

在净化油含水体积分数的测定过程中，首先将圆底玻璃烧瓶洗净并烘干，向其中分别注入 100g 净化油与 100ml 不溶于水的溶剂，摇匀后再投入一些浮石、无釉瓷片或毛细管，防止爆沸。然后将玻璃接收器用支管紧密地安装在圆底玻璃烧瓶上，使支管的斜口进入圆底玻璃烧瓶 15～20ml，最后在玻璃接收器上连接直管冷凝器。此外，可将干燥管连接于直管冷凝器的上端，从而避免外界水蒸气进入其中，造成测量误差过大。仪器安装完毕后，用电加热套对圆底玻璃烧瓶进行均匀加热并控制回流速度，使直管冷凝器斜口的液体滴下速度为 2～4 滴/s，当除玻璃接收器外仪器的任何部位都看不到可见水，而且溶剂的上层完全透明时，停止加热。圆底玻璃烧瓶冷却后，将仪器拆卸，读出玻璃接收器中收集水的体积。

测定完成后，净化油中的含水体积分数 Y 可按式（3.16）计算：

$$Y = \frac{\rho \cdot V}{M} \times 100\% \qquad (3.16)$$

式中，ρ 为注入圆底玻璃烧瓶时油相的密度；V 为玻璃接收器中收集水的体积；M 为油相的质量。其中，在玻璃接收器中收集水的体积分数可以作为油相的含水体积分数测定结果。

净化油中的含水体积分数计算完成后，乳化液的脱水率 P 可按式（3.17）计算：

$$P = \frac{Y_1 - Y_2}{Y_1} \times 100\% \tag{3.17}$$

式中，Y_1、Y_2 分别为破乳脱水前后乳化液的含水体积分数。

3.5.3　实验方案及操作步骤

1. 实验方案

在实验过程中，装置将以两种工作模式对乳化液进行破乳脱水处理：一是不开启电破乳器，即单一旋流离心场脱水，乳化液将不经过电场破乳处理直接进入旋流器中；二是开启电破乳器，即双场联合破乳脱水，乳化液将先进入高压脉冲电场中进行破乳处理，再进入旋流离心装置进行离心脱水，对比两种工作模式下装置的脱水率。在这个过程中，将采用不同含水体积分数的乳化液，并改变旋流器的入口流速进行实验，研究乳化液含水体积分数与旋流器入口流速对装置脱水率的影响规律。

此外，在开展双场联合破乳脱水实验的过程中，将开展不同电源电压与电场频率下的破乳脱水实验，研究不同电场参数条件下装置对不同含水体积分数的乳化液的适用性。

2. 乳化液制备方法

实验选用南充基础油制备含水体积分数分别为 8%、10%、12% 和 14% 的 W/O 型乳化液，分散相选用工业蒸馏水，两种介质的各物性参数见表 3.4。乳化剂为 Span-80。在乳化液的制备过程中，首先在装有南充基础油的高速剪切乳化机中加入适量的 Span-80，然后启动高速剪切乳化机，使其在恒定转速下进行搅拌。搅拌 10min 后停止，沿着搅拌轴心加入所需比例的工业蒸馏水，而后对混合液反复进行间歇式搅拌，直至乳化液分散均匀。搅拌完成后，用烧杯取适量乳化液进行特性分析，确保所配置的乳化液能在 5h 内不出现分层现象，析出水率控制在 < 5%。此外，在实验过程中，高速剪切乳化机继续以低速进行搅拌，以确保乳化液的均匀性。

表 3.4　实验介质相关物性参数

实验介质	$\rho/(t/m^3)$	ε_r	$\sigma/(mN/m)$	$\mu/(Pa \cdot s)$
南充基础油	0.879	2.49	5.00	0.016
工业蒸馏水	0.998	81.00	—	—

3. 实验操作步骤

（1）装置开机前仔细检查并确保各线路接触良好，各管路连接可靠、无松动，流量计与压力表工作正常。高压脉冲电源电压旋钮置于零挡，频率旋钮置于低频挡位，激发模式处于点触激发，脉冲占空比为 50%。

（2）启动高速剪切乳化机，以低速对配置好的含水体积分数为 8%的乳化液进行持续搅拌。

（3）关闭控制阀 1、控制阀 3，开启控制阀 2，开展单一旋流离心场脱水实验。开启单螺杆泵，将配置好中的乳化液直接注入旋流器中，利用流量计与节流阀，调节旋流器入口流量至实验所需。

（4）待装置运行稳定后，在旋流器溢流口与底流口分别取样，使用水分测定仪多次测定油样含水体积分数后取平均值，详细记录实验结果。

（5）开启控制阀 1、控制阀 3，关闭控制阀 2，开展双场联合破乳脱水实验。启动排油泵，调节变频器，缓慢增大电破乳器入口流量至实验所需。

（6）开启高压脉冲电源，调节高压脉冲电源到实验所需电场参数，利用示波器检测电源输出的频率与脉宽。

（7）经电破乳器处理后的乳化液注入缓冲罐中，待缓冲罐中的乳化液超过其容积的 2/3 时，启动单螺杆泵，观察流量计，调节旋流器入口流量至实验所需，然后重复步骤（4）。

（8）取样测量结束之后，依次关闭高压脉冲电源、排油泵、单螺杆泵、高速剪切乳化机及控制阀，关闭装置总电源，完成含水体积分数为 8%的乳化液在双场联合破乳脱水实验装置中的相关实验。

（9）改变乳化液的含水体积分数分别为 10%、12%和 15%，重复操作步骤（2）～（8）。

3.5.4　实验结果与分析

1. 旋流器入口流速对脱水率的影响

一般来说，影响旋流器分离效率的因数主要包括三类：旋流器的结构参数、入口流体的物性参数以及操作参数，而对于结构一定的旋流器来说，对其分离效率影响最大的参数是入口流速。入口流速决定了旋流器对乳化液产生的剪切力，进而直接影响旋流器的分离效率，因此，需考察不同入口流速对旋流器脱水率的影响。此外，在实验过程中，可分别测定单一旋流离心场与双场联合作用下的经装置处理后的脱水率，以考察双场联合的破乳脱水效果。

1）单一旋流离心场破乳脱水

关闭控制阀 1、控制阀 3，开启控制阀 2，利用含水体积分数为 8%、10%、12%和 15%的乳化液分别开展单一旋流离心场脱水实验，研究乳化液不同含水体积分数条件下，旋流器入口流速变化对脱水率的影响。由图 3.55 可以看出，当入口流速在 8～11m/s 内增加时，各乳化液的脱水率均呈现出单调上升的趋势，当入口流速增加到 11m/s 时，含水体积分数为 10%与 12%的乳化液脱水率均达到最大，此时脱水率分别为 43.38%、42.35%；随着入口流速的继续增加，含水体积分数为 8%和 15%的乳化液脱水率持续增加，在 8～12m/s 的入口流速内未出现最大值。此外，在该范围内的各个入口流速条件下，含水体积分数为 10%的乳化液脱水率均最高。

出现以上现象的原因主要是，在相同入口流速条件下，含水体积分数较低的乳化液在分离过程中水滴间的碰撞聚结机会较少，影响分离过程，导致其脱水率较低；而对于含水体积分数较高的乳化液，其在分离过程中会有大量的水聚集在底流口附近，增大了底流排水阻力，即底流背压增大，导致部分水发生倒流，从而降低了装置的脱水率。在含水体积分数不变的条件下，当入口流速较小时，乳化液无法在旋流器内形成一定规模的加速度离心场，使得水滴受到的离心力太小而无法从油中分离出来，从而降低了分离效率；当入口流速过大时，乳化液在旋流器中产生的离心力会急剧增大，部分水滴在强剪切力的作用下发生破裂，变成更小的水滴，加大了油-水分离难度，此外，骤增的湍流强度严重干扰了水滴的沉降，不利于油-水分离，特别是当湍动能等于或大于离心分离能量时，已分离的油和水会重新混合，从而降低了分离效率。

由此可见，对于特定的旋流器，针对不同含水体积分数的乳化液，其最优入口流速与最大脱水率极值不同，而本书设计的旋流器，其在单独作用时，对含水体积分数为 10% 的乳化液具有更好的脱水效果，且最佳入口流速取 11m/s。

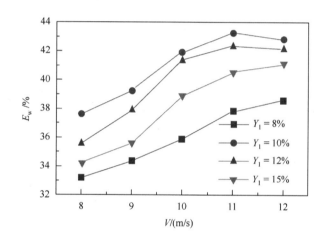

图 3.55　旋流器入口流速-脱水率变化规律曲线（单一旋流离心场作用）

2）双场联合破乳脱水

在利用不同含水体积分数乳化液分别开展单一旋流离心场破乳脱水实验过程中，通过开启控制阀 1、控制阀 3，关闭控制阀 2，可开展双场联合破乳脱水实验。实验过程中，脉冲电源电压设置为 20kV，频率设置为 500Hz，乳化液在电破乳器内的停留时间控制在 60s。图 3.56 表示了在该实验条件下旋流器入口流速与装置脱水率的关系曲线。由图可知，经电场作用后，各乳化液在不同入口流速条件下的脱水率的变化趋势不同。当入口流速在 8～12m/s 内增加时，各乳化液的脱水率均呈现出先增加后减小的趋势，其中含水体积分数为 10% 与 15% 的乳化液在 10m/s 时出现最大脱水率，含水体积分数为 8% 的乳化液在 11m/s 时出现最大脱水率，而含水体积分数为 12% 的乳化液在 10m/s 与 11m/s 条件下的脱水率相近。由此可见，电场对乳化液中液滴的聚结作用在一定程度上可减小旋流器的最佳入口流速。此外，含水体积分数为 10% 与 12% 的乳化液的最大脱水率相近且均超过了 90%，可见在双场联合作用下，装置对含水体积分数为 10% 与 12% 的乳化液均具有较好的适用性，在此情况下，旋流器的最佳入口流速取 10m/s。

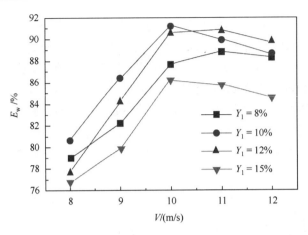

图 3.56　旋流器入口流速-脱水率变化规律曲线（双场联合作用）

3）单一旋流离心场与双场联合破乳脱水效果对比

分别对比 10% 与 12% 含水体积分数的乳化液在单一旋流离心场与双场联合破乳脱水后的最大脱水率，如表 3.5 所示。从表中数据可以看出，两种乳化液油样经单一旋流离心场脱水后，其脱水率分别为 43.27% 与 42.35%，可见单一旋流离心场的脱水效果不理想。经双场联合破乳脱水后，10% 含水体积分数乳化液的脱水率达到 91.18%，12% 含水体积分数乳化液的脱水率达到 90.76%，对比单一旋流离心场脱水，分离效率得到了显著提高。由此可见，本书的双场联合破乳脱水装置联合了高压脉冲电场与旋流离心场在破乳脱水中的作用，有利于提高乳化液的脱水率。此外，从双场联合破乳脱水分离效率来看，其脱水率能达到 90% 以上，说明双场联合破乳脱水装置对乳化液的脱水效果显著，可达到对废油乳化液预处理的要求。

表 3.5　单一旋流离心场与双场联合破乳脱水效果对比

乳化液油样	脱水方式	最佳入口流速/(m/s)	脉冲电源电压/kV	脉冲电源频率/Hz	最大脱水率/%
含水体积分数 10%的乳化液	单一旋流离心场脱水	11	—	—	43.27
	双场联合破乳脱水	10	20	500	91.18
含水体积分数 12%的乳化液	单一旋流离心场脱水	11	—	—	42.35
	双场联合破乳脱水	11	20	500	90.76

2. 脉冲电源电压对脱水率的影响

通过前面的实验发现，在双场联合作用下，装置对含水体积分数 10% 的乳化液具有较好的适用性。为了进一步探究双场联合作用下装置的最佳脱水率，以及研究电场参数对其脱水率的影响，在对含水体积分数 10% 的乳化液开展双场联合破乳脱水实验过程中，同时改变其电场参数开展实验。

对脉冲电源电压进行单因素分析实验，实验方案见表 3.6。在实验过程中，保持其他参数不变，改变脉冲电源电压，且在不同脉冲电源电压条件下分别开展三次实验，结果见表 3.7。

表 3.6 不同电压条件下乳化液脱水实验方案

序号	旋流器入口流速 /(m/s)	脉冲电源电压 /kV	脉冲电场 频率/Hz	乳化液在电破乳器内 停留时间/s
1	10	14	500	60
2	10	16	500	60
3	10	18	500	60
4	10	20	500	60
5	10	22	500	60
6	10	24	500	60

表 3.7 不同电压条件下乳化液脱水实验结果

序号	脉冲电源电压/kV	实验 1/%	实验 2/%	实验 3/%
1	14	87.84	87.65	86.95
2	16	89.65	88.78	89.32
3	18	90.16	89.58	90.67
4	20	91.18	90.12	90.56
5	22	91.68	92.25	90.98
6	24	90.34	90.69	91.14

由表 3.7 的各实验结果拟合得到脉冲电源电压-脱水率变化规律曲线,如图 3.57 所示。由图可知,随着脉冲电源电压在 14~24kV 内增加,脱水率先增加后减小。出现该现象的原因主要是,较低的脉冲电源电压无法有效促进液滴之间的碰撞聚结;而过大的脉冲电源电压会导致聚结后的大液滴被过度拉伸发生破裂,形成更小的液滴。因此,过大或过小的脉冲电源电压均不利于后续的旋流器油-水分离。由图 3.57 可知,在脉冲电源电压为 22kV 时装置的脱水率达到最大,此时装置在 3 次实验后的平均脱水率为 91.64%,故在双场联合破乳脱水过程中,脉冲电源电压取 22kV 更为合理。

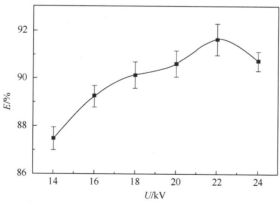

图 3.57 脉冲电源电压-脱水率变化规律曲线

3. 电场频率对脱水率的影响

对电场频率进行单因素分析实验,实验方案见表 3.8。在实验过程中,保持其他参数不变,改变电场频率,且在不同电场频率条件下分别开展三次实验,结果见表 3.9。

表 3.8　不同电场频率条件下乳化液脱水实验方案

序号	旋流器入口流速 /(m/s)	脉冲电源电压 /kV	脉冲电场 频率/Hz	乳化液在电破乳器内 停留时间/s
1	10	22	200	60
2	10	22	300	60
3	10	22	400	60
4	10	22	500	60
5	10	22	600	60
6	10	22	700	60

表 3.9　不同电场频率条件下乳化液脱水实验结果

序号	电场频率/Hz	实验1/%	实验2/%	实验3/%
1	200	89.98	89.75	90.41
2	300	90.92	90.56	90.12
3	400	91.10	90.89	91.25
4	500	93.08	92.75	92.24
5	600	92.03	91.31	91.95
6	700	91.34	91.17	90.46

　　由表 3.9 的各实验结果拟合得到了电场频率-脱水率变化规律曲线，如图 3.58 所示。由图可知，随着电场频率在 200～700Hz 内增加，脱水率先增加后减小，出现该现象的原因主要是，随着电场频率的增大，油中液滴伸缩振动加剧，有利于液滴的碰撞聚结；当电场频率增大到液滴振动固有频率（共振频率）附近时，液滴发生共振，此时液滴的碰撞聚结效果最好，可大幅度提高装置的脱水率；当电场频率超过共振频率时，液滴振动会减慢，液滴聚结变慢，使得装置的脱水率降低。由图 3.58 可知，在电场频率为 500Hz 时脱水率达到最大，此时装置在 3 次实验后的平均脱水率为 92.69%，故在双场联合破乳脱水过程中，电场频率最佳取值为 500Hz。

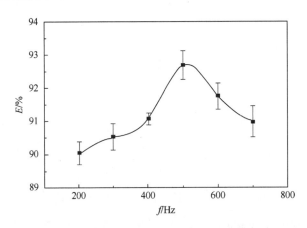

图 3.58　电场频率-脱水率变化规律曲线

　　综上所述，在对含水体积分数 10%的乳化液开展双场联合破乳脱水时，其最佳脉冲电源电压为 22kV，最佳电场频率为 500Hz，在此条件下，双场联合破乳脱水实验装置的最大脱水率约为 92.69%，脱水效果较为显著。

参 考 文 献

[1] 朱岳麟，黄欣，熊常健，等. 航空油品高频/高压电脱水微观机理[J]. 石油炼制与化工，2005（4）：19-22.

[2] 张健，董守平. 高频脉冲电场作用下乳状液液滴动力学模型[J]. 化工学报，2007，58（4）：875-880.

[3] 龚海峰，涂亚庆. 油液对伸缩变形乳胶粒子作用力的计算[J]. 化工学报，2009，60（9）：2191-2196.

[4] 龚海峰，涂亚庆，宋世远，等. 电场作用下乳化液中乳胶粒子的稳态变形力学模型[J]. 石油学报（石油加工），2010，26（4）：600-604.

[5] 龚海峰，杨智君，彭烨，等. 高压脉冲电场中乳化油最佳破乳电场参数[J]. 高校化学工程学报，2015，39（1）：78-83.

[6] Taylor S E. Investigations into the electrical and coalescence behaviour of water-in-crude oil emulsions in high voltage gradients [J]. Colloids and Surfaces，1988，29：29-51.

[7] 褚亦清，李翠英. 非线性振动分析[M]. 北京：北京理工大学出版社，1996.

[8] Noroozi S，Hashemabadi S H. CFD analysis of inlet chamber body profile effects on de-oiling hydrocyclone efficiency[J]. Chemical Engineering Research and Design，2011，89（7）：968-977.

[9] ANSYS Inc. Fluent Theory Guide[M]. Canonsburg：ANSYS Inc，2013.

[10] Vakamalla T R，Mangadoddy N. Numerical simulation of industrial hydrocyclones performance：Role of turbulence modelling[J]. Separation & Purification Technology，2017，176：23-39.

[11] Narasimha M，Brennan M S，Holtham P N. A review of CFD modelling for performance predictions of hydrocyclone[J]. Engineering Applications of Computational Fluid Mechanics，2007，1（2）：109-125.

[12] Sheng H P，Welker J R，Sliepcevich C M. Lique-lique Separations in a Convention Hydrocyclone[M]. London：Elsevier，1974.

[13] 蔡小华，袁惠新，王跃进. 结构参数对油脱水型旋流器分离性能的影响[J]. 江南大学学报（自然科学版），2002，1（4）：391-393.

[14] Saidi M，Maddahian R，Farhanieh B. Numerical investigation of cone angle effect on the flow field and separation efficiency of deoiling hydrocyclones[J]. Heat and Mass Transfer，2013，49（2）：247-260.

第4章　电场-旋流离心场-温度场协同分离技术

对于含水体积分数较高、成分复杂的 W/O 型工业废油，仅采用常用的真空加热法往往难以快速有效地完成破乳脱水处理，而脉冲电场法和离心法却能够快速实现乳化液液滴聚结和分离，但破乳脱水效果十分有限，不能实现油液深度净化处理。鉴于此，本章提出一种高压脉冲电场-旋流离心场-真空温度场协同破乳脱水（简称三场协同破乳脱水）方法，该方法利用高压脉冲电场快速聚结油中小水滴、旋流离心场高效除去大水滴和真空温度场有效除去微小水滴的特征，优势互补，协同实现废油高效破乳脱水。它与传统的单一真空加热法破乳脱水相比较，在处理效率、能耗等方面均具有较大优势。

本章以双场耦合分离技术为基础，研究三场协同破乳脱水单元的分离特性，并在此基础上，设计搭建乳化液三场协同破乳脱水实验平台，并开展三场协同破乳脱水实验，研究入口流速、电场频率、电压幅值及加热温度等操作参数对破乳脱水率的影响规律，为设计新型脱水装置及在工业领域的应用提供指导。

4.1　工　艺　流　程

高压脉冲电场破乳技术不但能够建立高压稳定破乳电场，而且与传统的直流、交流电破乳相比，更加节省电能[1]。旋流器通过对不同密度液体的旋流离心作用，把两种液体分开，是目前应用很广泛的液-液分离设备，具有体积小、重量轻、操作维修简单、流量适用范围宽等优点。真空加热是目前应用最广泛的乳化液破乳脱水方法，能够对乳化液进行深度脱水[2]。

按照工艺设计构想，考虑到工艺的实用性和可操作性，设计的三场协同破乳脱水工艺流程如图 4.1 所示，分为两个环节，分别是高压脉冲电场-旋流离心场耦合破乳脱水环节和真空加热破乳脱水环节。在高压脉冲电场-旋流离心场耦合破乳脱水环节，通过单螺杆泵的运转，待处理乳化液从进油口输流，乳化液先经过粗滤器的初始过滤，脱除油液中颗粒较大的机械杂质。待处理乳化液通过单螺杆泵的升压具有一定的初始压力，管路中压力表负责监控油液压力状况，保证旋流器工作压力，以达到最好的分离效果。油液先通过流量计，经三通分流从旋流器双切向入口射流进入旋流器内部，通过高压脉冲电场和旋流离心场的耦合作用，使待处理乳化液中液滴极化聚合、沉降分离，混合液出现分层流动，密度较大的水相经过旋流器底流口流出，密度较小的油液经过旋流器上部溢流口排出，分别流入各自的缓冲容器，完成乳化液的粗脱水净化。分离后的油液主要储存在旋流器溢流管外接的溢流罐内，旋流器底流管外接底流罐内的液体主要是水和少量乳浊油液。在真空加热破乳脱水环节，油液在负压作用下从真空罐进入加热器，油液中少量水分在真空条件下被迅速汽化，进入真空罐，使得油中水蒸气充分释放，水蒸气进入冷凝器后冷凝成水。此外，系统还设置了内循环功能，增加油液流经真空罐的次数，使油液达到深度净化。

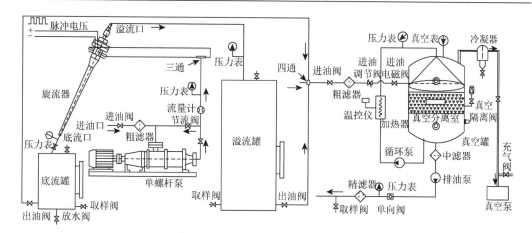

图 4.1 三场协同破乳脱水工艺流程示意图

4.2 模型与计算

4.2.1 数值模型与方程

双场耦合单元的结构及相应的参数取值如图 2.1 和表 2.1 所示。流场控制方程及电场控制方程与 2.2 节相同。由于考虑真空加热单元工作参数（温度）变化对油-水分离效率的影响，在原控制方程的基础上还需增加黏温控制方程。

黏度作为工业用油产品质量的一个重要评价指标，油品的分子结构决定了黏度及其变化规律。当油液受剪切外力作用变形时，油液分子间内聚力对变形产生某种方式的抵抗，并且在油液层与层之间存在分子动量交换，对外表现为油液黏性。温度升高时，油液分子间距增大，内聚力随之下降，致使油液黏度下降。黏温控制方程可表达为[3]

$$\log\log(\mu / \rho + 0.7) = a_1 + b_1 \log T \tag{4.1}$$

式中，a_1、b_1 为常数；μ 为油液运动黏度；ρ 为油液密度；T 为油液热力学温度。

4.2.2 物性参数及边界条件

油液分别加热到 65℃、70℃和 75℃，并设底流分流比为 10%，流场相关物性参数如表 4.1 所示。

表 4.1 物性参数

$Q/(\text{m}^3/\text{h})$	$\rho_w/(\text{kg/m}^3)$	$\rho_o/(\text{kg/m}^3)$	$\mu_w/(\text{mPa·s})$	$\mu_{o\,(65)}/(\text{mPa·s})$	$\mu_{o\,(70)}/(\text{mPa·s})$	$\mu_{o\,(75)}/(\text{mPa·s})$
4.0	998.3	863.0	1.3	20.1	16.8	14.2

设入口边界为速度入口，且入口截面法向速度为 10m/s，其他两个方向速度为 0；乳化液中含水体积分数为 10%；入口湍流强度为 5%，入口直径为 12mm。出口边界为自由

出口。壁面为无滑移边界条件,采用标准壁面函数对近壁面区域进行处理。设单向直流电场电压幅值为 11kV。溢流管伸入段壁面作为电场高压输入端,直管段内壁面作为电场接地端。

本节采用 UDF 方法建立三场协同破乳脱水单元模型的电位方程,基于该方程求解电场强度,通过 Maxwell 应力张量法解出电场力,进而计算出电场体积力,并将电场体积力作为源项添加到 N-S 方程中,利用有限体积法控制方程的离散,且设时间步长为 0.05s。

4.3　三场协同破乳脱水单元分离特性

由三场协同破乳脱水工艺流程可知,经过一次分离处理后乳化液从双场耦合单元的溢流口流出,进入真空加热单元,油液温度对真空加热单元破乳脱水率产生直接影响,油温升高,油液黏度降低;在油泵作用下再次进入双场耦合单元,并影响此单元的分离效率,不难看出,双场耦合单元的工作参数与真空加热单元的工作参数相互影响。此外,在三场协同破乳脱水工艺流程中,油液在真空加热单元加热后回到双场耦合单元,使整个系统中油液的黏度降低。

因此,本节以双场耦合单元模型为基础,考虑真空加热单元工作参数(温度)变化对油-水分离效率的影响,研究三场协同破乳脱水单元的分离特性。

4.3.1　不同温度条件对单元分离效率的影响

不同温度条件下装置内部四个横截面上切向速度的径向分布曲线如图 4.2 所示。从图中可以看出,当温度发生变化时,切向速度均发生了较为明显的变化。详细地,在 $z=100$mm 截面上,切向速度随着温度的升高而增大。这表明随着乳化液温度的升高,装置内部速度的分布发生变化,这能够提高乳化液的分离效率。其原因是乳化液中分散相液滴受到的离心力增大,促进了油-水两相流的分离,从而提高了分离效率。在锥段截面上的切向速度变化明显,但没有明显的增大减小趋势。特别地,温度为 70℃时,小锥段内的切向速度无明显的 M 形对称型,且在 $r/R<0$ 内远大于另两种温度下的切向速度,而在 $r/R>0$ 内的情况相反。这表明在锥段液流的流动不稳定,且切向速度受温度的影响较大。在 $z=790$mm 截面上,温度从 65℃升高到 75℃时,切向速度略有提升,峰值区域除外。

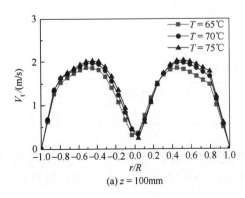

(a) $z=100$mm

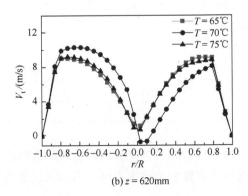

(b) $z=620$mm

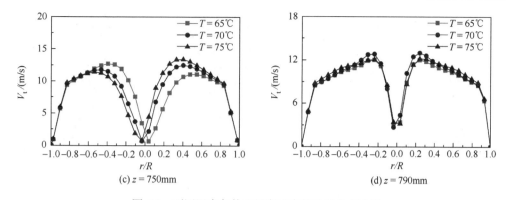

(c) z = 750mm　　　　　　　　　　　(d) z = 790mm

图4.2　不同温度条件下切向速度的径向分布曲线

在峰值区域，温度为 70℃时的切向速度高于另外两个温度下的切向速度。从图中还可以看出，切向速度的变化均发生内涡区以及除了壁面附近区域的外涡区域，且乳化液温度从65℃增大到 70℃时的切向速度变化最大，这说明了在这种情况下油-水分离效率的促进程度更明显。

　　不同温度条件下，$x = 0$mm 截面上的含油体积分数分布云图如图 4.3（a）所示。从图中可知，温度越高，含油体积分数高于 0.95 的流体区域越集中于直管段及大锥段。特别地，当温度从 65℃升高到 70℃时，高含油体积分数区域范围的变化明显，且含油体积分数低于 0.1 的区域明显增加；当继续升高温度到 75℃时，与 70℃相比，含油体积分数分布未发生较大的变化。这表明温度从 65℃提升到 70℃时油-水分离的促进效果明显，溢流口的脱水率及底流口的脱油率均有较明显的提升，但是继续升高温度不会引起油-水分离过程的较大变化，从而对分离效率的影响也降低。$x = 0$mm 和 730mm$<z<830$mm 上的含油体积分数分布如图 4.3（b）所示。从图中可以看出，温度越高，含油体积分数高于 95%的液流区域越宽。其中，温度从 65℃升高到 70℃时，高含油体积分数范围变化最明显。这表明温度升高有利于油液向溢流口附近区域聚集，从而使经溢流口排出的油液含水体积分数更低，提高溢流口的脱水率。但由于溢流口结构参数的限制，温度继续升高到 75℃时，含油体积分数的分布不再发生较为明显的变化，溢流口的脱水率也不会有较大幅度

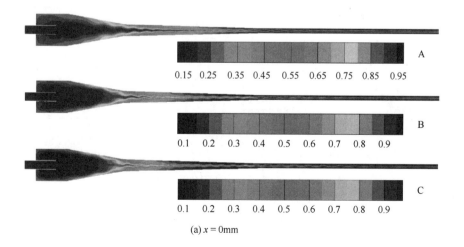

(a) x = 0mm

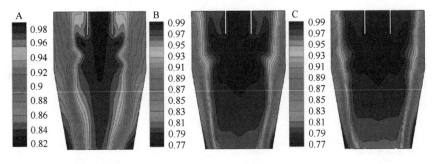

(b) $x = 0mm$ 且 730mm ＜ z ＜830mm

图 4.3　不同温度下含油体积分数的分布云图（A：65℃；B：70℃；C：75℃）

的提高。此外，温度为 65℃时，含油体积分数低于 0.95 的含油体积分数等值线稀疏，在靠近直管段与大锥段交接面的区域等值线有明显向内的凸起；温度升高到 70℃及 75℃时，等值线变得均匀、密集，且凸起程度变小。这表明温度升高会促进油-水分离过程，且对直管段与大锥段交接区域的液流流动和含油体积分数分布影响明显。

　　不同温度条件下，靠近底流口及溢流口横截面上的含油体积分数分布曲线如图 4.4 所示。从图 4.4（a）中可以直观看出，随着温度的升高，含油体积分数逐渐降低，且温度从 65℃升高到 70℃时含油体积分数的降低程度高于温度从 70℃升高到 75℃时含油体积分数的降低程度。这表明温度的升高促进了装置内部油-水两相流的分离，使得经底流口排出的液流含水体积分数增大，提高了底流口的脱油率，且当温度从 65℃升高到 70℃时的分离促进程度较高。从图 4.4（b）中可知，当温度升高时，含油体积分数逐渐升高，且高含油体积分数的范围更广。这说明温度升高使得溢流口附近区域聚集的高含油体积分数的液流范围扩大，即升高温度有效地提高了溢流口脱水率。此外，当温度从 70℃提高到 75℃时，在 −0.4＜ r/R ＜0.4 内的含油体积分数无明显变化。这表明 70℃时，在直管段与锥段交接区域的油-水分离已经较为充分，继续升高温度不会大幅度提高溢流口的脱水率。因此，温度的升高能够提高装置的油-水分离效率。

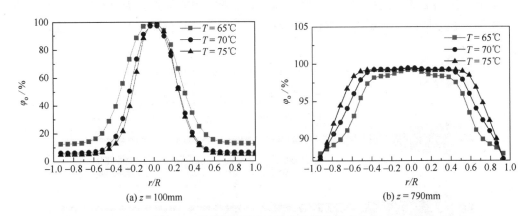

图 4.4　不同温度下含油体积分数的分布曲线

不同温度下三场协同破乳脱水装置（简称协同装置）的分离效率曲线如图 4.5 所示。

溢流口脱水率及底流口脱油率随着温度的升高而逐渐提高,其本质是温度升高降低了连续相油液的黏度。当乳化液温度为 75℃时,分离效率最高。特别地,当温度从 65℃升高到70℃时,溢流口脱水率及底流口脱油率分别提高了约 6.7%和 10.2%;当温度从 70℃升高到 75℃时,其分别提高了 1%及 1.9%。这表明 70℃时,协同装置的分离效率明显提高;但继续升高温度对提高协同装置的分离效率贡献较小。

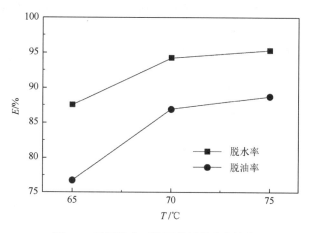

图 4.5　不同温度下协同装置的分离效率

4.3.2　特定温度条件下操作参数与分离效率

考虑三场协同破乳脱水系统实际工况(真空加热单元工作真空度为–0.08MPa,加热温度为 70~75℃),在确定和优化系统操作参数时,必须考虑温度致使油液黏度降低而带来的影响。因此,本节将详细分析在特定温度条件下系统操作参数,即电压幅值、电场频率和入口流速对乳化液油-水分离效率的影响。考虑的温度分别为 65℃、70℃和 75℃。其中,70℃时的仿真分析即 2.4 节所讨论的内容,本节对 65℃和 75℃条件下三场协同破乳脱水单元的分离特性进行分析。

1. 65℃时仿真分析

为了研究 65℃时耦合单元内部流体运动特征,选取 $x = 0$mm 截面上 $z = 100$mm、620mm、750mm、790mm,即在直管段、大锥段、小锥段、底流段轴心处各取一截面进行模拟分析。模拟过程中各物性参数如下:油相密度为 866.24kg/m³,水相密度为 998kg/m³,水相体积分数为 10%,初始水滴粒径为 0.2mm,油相动力黏度为 20.1mPa·s,水相动力黏度为 1.3mPa·s。

1)不同入口流速对分离效率的影响

设电压幅值为 11kV,电场频率为 6Hz,模拟入口流速分别为 8m/s、10m/s、12m/s 时耦合单元内部流体流动情况。不同入口流速条件下切向速度的径向分布曲线如图 4.6 所示。从图 4.6 可以看出,切向速度均随半径的增大呈先增大后减小的趋势,且除了 $z = 620$mm 截面上的切向速度分布,其他切向速度均随入口流速的增加逐渐增大。这表明,增大入口流速可以有效增强耦合单元内部流体的离心场，使乳化液液滴所受离心力增大，从而迅速地向单元外壁运动，最终沿边壁流向底流口，进而提高耦合单元的两相分离效率。在 $z = 620\text{mm}$ 的截面上，$0<r/R<1$ 和 $-1<r/R<-0.5$ 切向速度与其他截面上的分布情况一致，即随入口流速的增加而增大，但在 $-0.5<r/R<0$ 内切向速度的变化趋势不同。其原因是在入口流速较大的情况下耦合单元靠近中心区域的流动不稳定。从图中还可以看出，与切向速度最大值对应的 r/R 值和 $r/R = 0$ 的距离随横截面 z 值的增加而减小，这说明越靠近耦合单元入口，准自由涡的范围越大。因此，入口流速为 12m/s 时协同装置具有更强的离心场，从而具有更强的油-水两相分离能力。

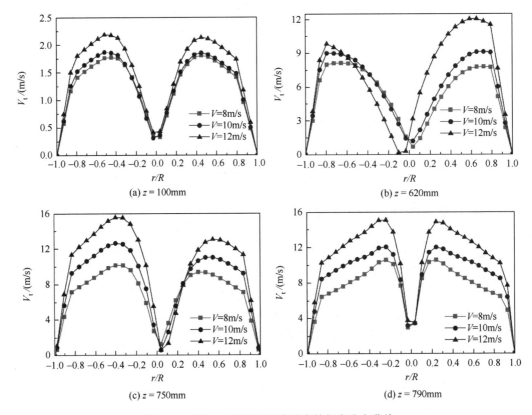

图 4.6　不同入口流速下切向速度的径向分布曲线

　　耦合单元内部含油体积分数分布云图如图 4.7 所示。从图 4.7（a）中可以看出，随着入口流速的增加，含油体积分数高于 0.95 的区域集中于溢流口。特别地，在小锥段内部，含油体积分数高于 0.8 的径向范围越小，在该段内部的油核越细。这表明增加入口流速有利于促进油液向溢流口附近区域聚集，从而提高溢流口附近区域的含油体积分数。此外，从图中还可以看出，在靠近底流口区域，入口流速为 8m/s 时的含油体积分数明显低于入口流速为 10m/s 和 12m/s 条件下的含油体积分数。这也进一步说明入口流速能够促进油液向耦合单元中心聚集，水向边壁面移动，从而更利于油-水两相的快速有效分离。为进一步分析溢流口附近区域的含油体积分数分布，图 4.7（b）示出了 $730\text{mm}<z<830\text{mm}$ 内的

含油体积分数分布。由图可知，入口流速越大，含油体积分数高于 0.93 的区域越广，且含油体积分数高于 0.98 的区域越集中于溢流口附近；入口流速越大，靠近壁面区域的含油体积分数越低，即在边壁区域分离出的含水体积分数较高。特别地，当入口流速从 8m/s 增大到 12m/s 时，含油体积分数降低了约 0.4。这也进一步说明了入口流速的增加能够有效地促进油液向溢流口区域聚集。

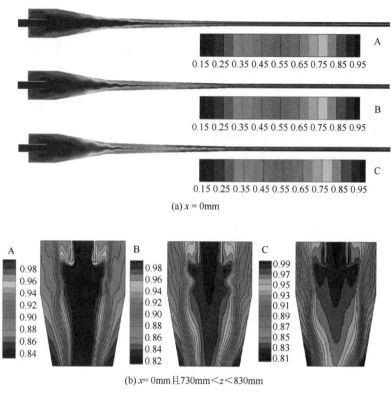

(a) $x = 0$mm

(b) $x = 0$mm 且 730mm$<z<$830mm

图 4.7　含油体积分数的分布云图（A：8m/s；B：10m/s；C：12m/s）

不同入口流速下靠近溢流口和底流口的含油体积分数分布曲线如图 4.8 所示。从图 4.8（a）中可以看出，当$-0.5<r/R<0.5$ 时，入口流速为 8m/s 时的含油体积分数明显低于流速为 10m/s 和 12m/s 时的含油体积分数；在$-1<r/R<-0.6$ 和 $0.6<r/R<1$ 内，8m/s 与 10m/s 条件下的含油体积分数基本相同。同时，在$-1<r/R<-0.3$ 和 $0.3<r/R<1$ 内，入口流速为 10m/s 时的含油体积分数略高于另两种条件下的含油体积分数，且在$-1<r/R<-0.6$ 和 $0.6<r/R<1$ 内，12m/s 时的含油体积分数比 10m/s 条件下的含油体积分数低约 1.5%。该结果表明，当入口流速从 8m/s 增大为 10m/s 时，中心油核的体积分数明显提高，即油液更集中于中心区域，油-水两相的分离更为充分。这与上述对图 4.7（a）的分析一致。但是，经底流口排出液流的含油体积分数也较小程度地降低；且继续增大入口流速到 12m/s 时，靠近边壁区域的含油体积分数比 10m/s 时的含油体积分数略低，中心区域附近无明显变化，即在该入口流速条件下的边壁面附近区域的含水体积分数较高，使经底流口流出的液流含水体积分数较高，从而提高底流口的脱油率。

由图 4.8（b）可知，在 $-0.5 < r/R < 0.5$ 内，含油体积分数随入口流速的增加明显降低。结合图 4.7（b）可知，形成该趋势的原因是入口流速增大使具有较高含油体积分数的液流更集中于溢流口附近，导致所取截面区域的含油体积分数较低。在 $-0.9 < r/R < -0.5$ 及 $0.5 < r/R < 0.9$ 内，入口流速为 8m/s 时的含油体积分数明显低于另外两种条件下的含油体积分数，其原因是在 8m/s 时边壁附近区域的油液均向中心油核聚集。

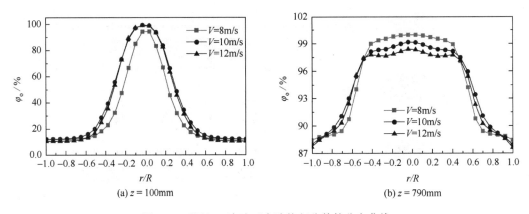

图 4.8　不同入口流速下含油体积分数的分布曲线

模拟时间 $t = 15$s 时耦合单元不同入口流速下协同装置的分离效率如图 4.9 所示。从图中可以看出，底流口脱油率随入口流速的增大呈先减小后增大的趋势。特别地，当入口流速为 8m/s 时，底流口脱油率较高，约为 84.2%。这与上述对底流口附近含油体积分数的分析一致。从图中还可以看出，当入口流速从 8m/s 增大到 12m/s 时，溢流口脱水率有较小程度的降低。结合上述对切向速度及含油体积分数的分布的分析可知，尽管 12m/s 时耦合单元的切向速度高，使具有高含油体积分数的油液更集中于中心轴线区域，但同时也使溢流口区域内包含更低含油体积分数的油液，导致经溢流口排出油液的含油体积分数降低，从而使溢流口脱水率有较小程度的降低。

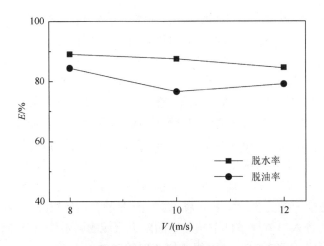

图 4.9　不同入口流速下协同装置的分离效率

2）电场频率对协同装置分离效率的影响

设定入口流速和电压幅值分别为 10m/s 和 11kV。仿真计算的电场频率分别为 4Hz、6Hz 和 8Hz。在不同电场频率条件下各横截面上切向速度的径向分布曲线如图 4.10 所示。由图可知，四个截面上的切向速度分布均呈现较为明显的轴对称性，且在 $z = 620$mm 截面上的最大切向速度出现在壁面附近；$z = 100$mm、750mm 及 790mm 截面上的最大切向速度出现在轴线附近区域，表明在小锥段内部准强制涡的流动区域较大。在模拟所选的三个电场频率作用下同一截面上液滴的切向速度分布有较小变化，即在该温度下电场频率的变化对切向速度有较小程度的影响。详细地，$z = 100$mm 截面上，在$-0.8 < r/R < -0.3$ 和 $0.3 < r/R < 0.8$ 内，电场频率为 8Hz 时的切向速度明显高于电场频率为 4Hz 和 6Hz 条件下的切向速度，这表明在该温度下电场频率为 8Hz 时耦合单元具有更强的油-水两相分离能力。在 $z = 620$mm 和 750mm 截面上，电场频率的变化对切向速度分布有较为明显的影响，这表明电场频率的变化会对油-水两相的分离产生影响，进而影响耦合单元的分离性能。在 $z = 790$mm 截面上，电场频率为 8Hz 条件下的切向速度明显高于电场频率为 6Hz 条件下的切向速度，这表明电场频率为 8Hz 时直管段的分离能力也略强于电场频率为 6Hz 条件下的分离能力。特别地，电场频率为 4Hz 和 8Hz 条件下的切向速度之间差距较小。综合所有截面的切向速度分布可知，电场频率为 4Hz 和 6Hz 时耦合单元的分离能力无明显差异，但是电场频率为 8Hz 时耦合单元却具有较强的油-水分离能力，更有利于促进乳化液的破乳脱水处理。

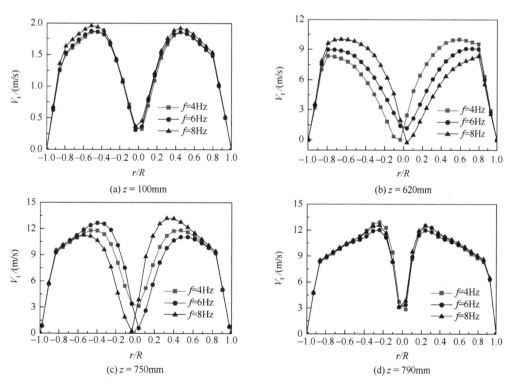

(a) $z = 100$mm　　　　　　　　　　　　(b) $z = 620$mm

(c) $z = 750$mm　　　　　　　　　　　　(d) $z = 790$mm

图 4.10　不同电场频率下切向速度的径向分布曲线

耦合单元 $x=0\text{mm}$ 以及 $730\text{mm}<z<830\text{mm}$ 两横截面上的含油体积分数分布云图如图 4.11 所示。从图 4.11（a）中可以看出，在直管段和大锥段，电场频率为 8Hz 条件下含油体积分数高于 0.95 的区域较电场频率为 4Hz 和 6Hz 条件下的含油体积分数更集中，电场频率为 4Hz 和 6Hz 时的含油体积分数无明显区别。这也进一步表明电场频率为 8Hz 更有利于油-水两相流的分离。由图 4.11（b）可知，当电场频率从 4Hz 增大为 6Hz 时，含油体积分数分布云图无明显区别，表明电场频率在该范围内变化时协同装置的分离能力差异不大。随着电场频率继续增大到 8Hz，含油体积分数高于 0.95 的区域明显增加，且含油体积分数高于 0.98 的区域更集中于溢流口附近。这说明了电场频率增加到 8Hz 时，协同装置内油-水分离能力明显提高，更利于油-水两相的分离以及溢流口脱水率的提高。

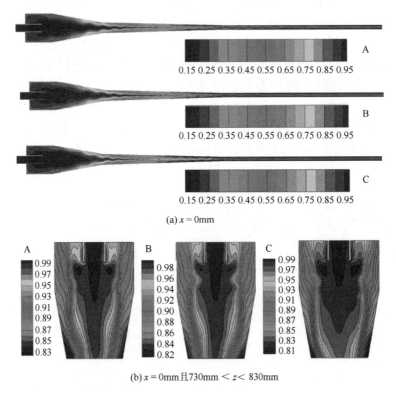

图 4.11　含油体积分数的分布云图（A：4Hz；B：6Hz；C：8Hz）

　　为进一步分析溢流口和底流口附近区域的含油体积分数分布情况，取两横截面上的含油体积分数进行分析。不同电场频率作用下含油体积分数的分布曲线如图 4.12 所示。从图 4.12（a）可以看出，在 $-0.2<r/R<0.1$ 内，不同电场频率条件下的含油体积分数的分布基本一致；其他范围内，电场频率为 8Hz 时的含油体积分数明显低于电场频率为 4Hz 和 6Hz 时的含油体积分数，但电场频率为 4Hz 和 6Hz 条件下的含油体积分数分布曲线基本重合。这表明在靠近底流口区域，电场频率为 8Hz 时的含油体积分数更低，更多的油液经协同装置溢流口排出，降低了经底部排出液流的含油体积分数，从而提高底流口的脱油率。因此，电场频率为 8Hz 时应具有较高的底流口脱油率。

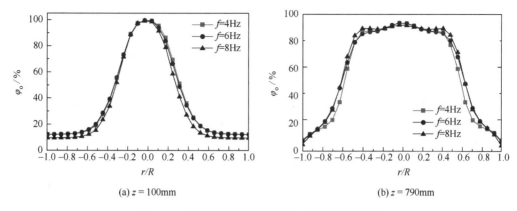

(a) $z = 100$mm　　　　　　　(b) $z = 790$mm

图 4.12　不同电场频率含油体积分数的分布曲线

由图 4.12（b）可知，在 $-0.5<r/R<-0.2$ 及 $0.2<r/R<0.5$ 内，电场频率为 8Hz 时的含油体积分数明显高于另两种电场频率下的含油体积分数；在靠近边壁区域（$-1<r/R<-0.5$），电场频率为 6Hz 和 8Hz 条件下的含油体积分数比电场频率为 4Hz 时的含油体积分数高。这表明电场频率为 8Hz 更利于协同装置的溢流口附近区域油核的聚集，从而提高经溢流口排出液流的含油体积分数，使溢流口脱水率增加。综上，电场频率为 8Hz 条件下的协同装置具有更高的溢流口脱水率和底流口脱油率。

不同电场频率条件下协同装置的分离效率如图 4.13 所示。从图中可以看出，电场频率为 4Hz 和 6Hz 时的溢流口脱水率和底流口脱油率基本相同；电场频率为 8Hz 时的分离效率明显高于另两种条件下的分离效率。特别地，当电场频率为 8Hz 时，溢流口脱水率约为 91.0%，底流口脱油率约为 63.7%。这也表明前述对不同电场频率条件下的流场分布以及含油体积分数分布的分析是合理的。因此，在温度为 65℃时，电场频率为 8Hz 的协同装置具有更高的分离效率。

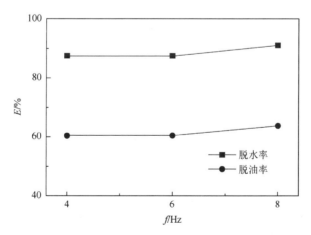

图 4.13　不同电场频率下协同装置的分离效率

3）电压幅值对协同装置分离效率的影响
设入口流速为 10m/s，电场频率为 6Hz，电压幅值分别为 10kV、11kV 和 12kV。

不同电压幅值条件下切向速度的径向分布曲线如图 4.14 所示。从图 4.14 可以看出，在不同电压幅值条件下，$z = 100$mm 和 790mm 截面上的切向速度基本相同，这表明在该温度下所选电压幅值的变化对切向速度影响不明显。在 $z = 620$mm 横截面上，电压幅值为 11kV 时的切向速度分布呈明显的轴对称分布，且在 $0 < r/R < 1$ 内，切向速度高于电压幅值为 10kV 和 12kV 时的切向速度；在 $-1 < r/R < 0$ 内的切向速度低于另两种条件下的切向速度。其原因可能是在电压幅值为 11kV 时，小锥段内部流体的流动较为稳定。此外，从图中还可以看出，$z = 750$mm 横截面上电压幅值的变化对切向速度的分布也有较小影响，以电压幅值为 12kV 时的切向速度为中间值，在 $-1 < r/R < 0$ 内，11kV 条件下的切向速度高于 10kV 时的切向速度，但在 $0 < r/R < 1$ 内的切向速度相反。因此整体而言，电压幅值的变化对大锥段的油-水两相分离促进效果不明显。综上，电压幅值对装置内部切向速度的影响不明显，此温度下电压幅值从 10kV 增大到 12kV 时协同装置具有相似的油-水两相分离性能，即对油-水两相分离无明显的促进作用。

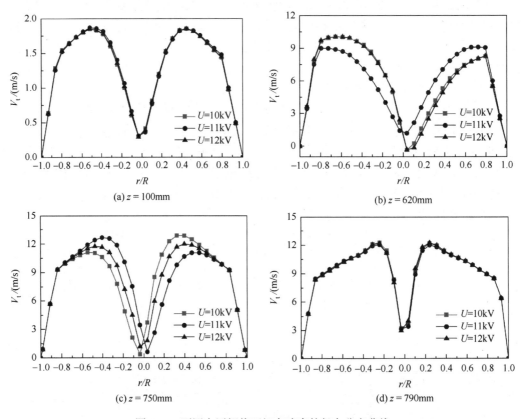

图 4.14　不同电压幅值下切向速度的径向分布曲线

不同温度条件下，耦合单元 $x = 0$mm 截面上的含油体积分数分布云图如图 4.15（a）所示。从图中可以看出，随着电压幅值的增加，协同装置内部含油体积分数的分布无明显差别，在直管段内为含油体积分数均高于 0.95 的液流。特别地，在协同装置靠近底流口区域，均出现中间区域有较高含油体积分数的液流，边壁面有较低含油体积分数的液流。

为进一步分析电压幅值的变化对含油体积分数分布的影响，$x = 0\text{mm}$ 和 $730\text{mm} < z < 830\text{mm}$ 上的含油体积分数分布如图 4.15（b）所示。由图可知，温度变化对靠近溢流口区域的含油体积分数的分布无较为明显的影响。

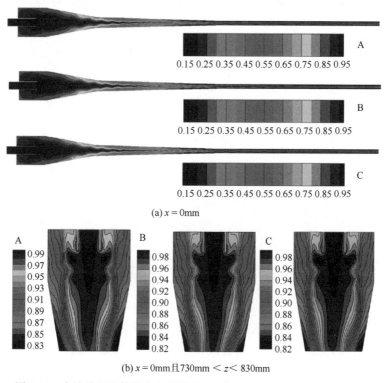

图 4.15　含油体积分数的分布云图（A：10kV；B：11kV；C：12kV）

在靠近溢流口及底流口的 $z = 100\text{mm}$ 及 790mm 截面上的含油体积分数分布曲线如图 4.16 所示。从图 4.16 中可以看出，含油体积分数在轴线附近较高，均达到 98% 以上。当电压幅值改变时，同一截面上含油体积分数没有明显差异，这说明了在该温度下所选电压幅值的变化所引起的含油体积分数变化不明显。

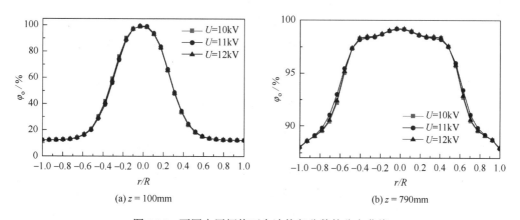

图 4.16　不同电压幅值下含油体积分数的分布曲线

　　不同电压幅值下的协同装置的分离效率如图 4.17 所示。由图可知，三种电压幅值下的分离效率相差不大，表明在此温度下，电压幅值从 10kV 增大到 12kV 时，协同装置的分离性能基本相同，油-水两相的分离效率也无明显区别，这与上述对流场及含油体积分数的分析一致。特别地，在三种电压幅值条件下，溢流口脱水率约为 87.6%，底流口脱油率约为 60.8%。

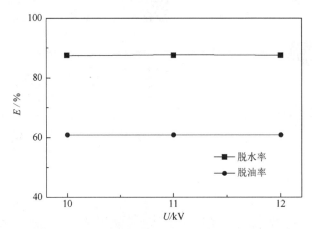

图 4.17　不同电压幅值下协同装置的分离效率

2. 75℃时仿真分析

　　为了研究 75℃时耦合单元内部流体运动特征，选取 $x=0mm$ 截面上 $z=100mm$、620mm、750mm、790mm，亦即在直管段、大锥段、小锥段、底流段轴心处各取一截面进行模拟分析。模拟过程中各物性参数如下：油相密度为 859.76kg/m^3，水相密度为 998kg/m^3，水相体积分数为 10%，初始水滴粒径为 0.2mm，油相动力黏度为 14.2mPa·s，水相动力黏度为 1.3mPa·s。

　　1）入口流速对装置分离效率的影响

　　设电压幅值和电场频率分别为 11kV 和 6Hz，协同装置入口流速分别为 8m/s、10m/s和 12m/s。不同入口流速条件下协同装置不同横截面上的切向速度的径向分布曲线如图 4.18 所示。从图 4.18 可以看出，切向速度的分布均与 65℃的分布型式基本相同。切向速度的趋势均是随半径的增加先增大，到达最大值后迅速减小，且在壁面处减小到零。本体结构四个截面上的三个入口流速下的切向速度均随入口流速的增加而增大。详细地，在 $z=100mm$ 截面上，当 $-1 < r/R < -0.3$ 和 $-0.1 < r/R < 1$ 时，入口流速为 12m/s 时的切向速度明显高于另外两种入口流速条件下的切向速度；当 $-0.3 < r/R < -0.1$ 时，不同入口流速下的切向速度之间差异较小。这表明入口流速为 12m/s 时，协同装置具有更强的油-水两相流分离能力。当 $-1 < r/R < -0.1$ 和 $0.2 < r/R < 1$ 时，入口流速为 10m/s 时的切向速度明显高于入口流速为 8m/s 时的切向速度；当 $-0.1 < r/R < 0.2$ 时，切向速度无明显差异。因此，可以发现与入口流速从 8m/s 增大到 10m/s 时无明显差异的切向速度区域相比较，入口流速从 10m/s 增大到 12m/s 时切向速度区域有较小程度的减小（r/R 约为 0.1）。这说明入口流速的增加可以更大范围地增加单元内部切向速度，从而有效地增强液流分离水相的能力。

相似地，不同入口流速条件下的最大切向速度分别为 1.78m/s、2.04m/s 和 2.35m/s，通过
比较可知，入口流速从 8m/s 增大到 10m/s 时最大切向速度增加了 0.26m/s；继续增大到
12m/s 时，最大切向速度增加了 0.31m/s。这也表明了入口流速的增加可以更大幅度地增
加协同装置内部液流的切向流速，促进乳化液液滴从油液中快速分离。在 $z=620$mm 的横
截面上，当$-1<r/R<0$ 和 $0.6<r/R<1$ 时，入口流速为 12m/s 条件下的切向速度明显高于
另两种条件下的切向速度；当 $0<r/R<0.5$ 时，其切向速度低于 8m/s 和 10m/s 条件下的切
向速度，其原因是 12m/s 条件下协同装置锥段内的不稳定流动更为明显。从整个范围的切
向速度分布上，入口流速为 12m/s 条件下的协同装置内部具有更大的切向速度，更利于水
滴在离心力的作用下向边壁面运动而实现两相的快速分离。从图中还可以看出，当入口流
速从 8m/s 增加到 10m/s 时的切向速度在$-0.8<r/R<-0.1$ 和 $0.1<r/R<0.7$ 内明显增加，且
两种条件下的最大切向速度分别为 7.64m/s 和 9.19m/s，最大切向速度增加了 1.55m/s。
而在 12m/s 时最大切向速度为 11.81m/s，与 10m/s 时的最大切向速度相比增加了
2.62m/s。这也表明入口流速的增加可以更大幅度地促使协同装置内切向速度增加，利
于两相分离。这与对图 4.18（a）的分析相一致。

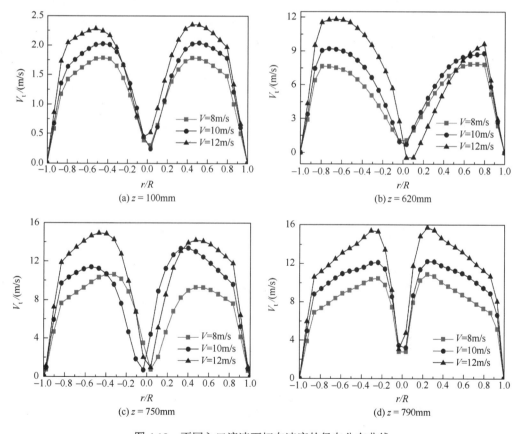

图4.18　不同入口流速下切向速度的径向分布曲线

从图 4.18（c）可以看出，由于协同装置内液流流动的不稳定，切向速度的整体分布

无较为明显的变化趋势。但当$-1<r/R<-0.4$ 时，切向速度随入口流速的增加而增加，在入口流速为 12m/s 时具有较高的切向速度。在三种入口流速条件下，横截面上的最大切向速度分别为 10.68m/s、13.07m/s 和 14.93m/s。通过比较可知，入口流速从 8m/s 增加到 10m/s 时的最大切向速度增加了 2.39m/s，继续增大到 12m/s 时最大切向速度进一步增大了 1.86m/s。这与上述入口流速增加与最大切向速度的增加所对应的关系不一致，其原因可能是在大锥段内部的液流不稳定流动。在 $z=790$mm 横截面上，除靠近中心轴线区域外，其他 r/R 范围内的切向速度均随入口流速的增加而增大。特别地，三种入口流速条件下的最大切向速度分别为 10.87m/s、12.20m/s 和 15.75m/s。与前述分析相似，对应的最大切向速度增加值分别为 1.33m/s 和 3.55m/s。这表明在直管段部分，增大入口流速也能够促进切向速度的增长，从而具有更强的油-水两相分离性能。这也与上述对小锥段和底流段的分析结果一致。综上，入口流速为 12m/s 时协同装置具有更强的油-水分离能力，更能够使油-水两相在强离心力作用下快速有效地分离；且以 8m/s 为初始值，同幅度地增加入口流速，协同装置直管段、小锥段和底流段最大切向速度的增加幅度随着入口流速的增加而增大。

不同入口流速下协同装置 $x=0$mm 横截面上的含油体积分数分布云图如图 4.19（a）所示。从图中可以清楚地看出，随着入口流速的增加，含油体积分数高于 0.95 的油核区域也逐渐靠近溢流口附近区域。特别地，油核的"尾"也随入口流速的增长逐渐变短，在入口流速为 8m/s 和 10m/s 时，"尾"在大锥段、小锥段和直管段；在入口流速为 12m/s 时，"尾"则基本上仅分布于直管段和大锥段。其原因是在入口流速增大时，切向速度增大，使得分散相液滴所受离心力增大，更容易向壁面运动，从而提高了轴线附近区域的含油体积分数。这也说明增加协同装置的入口流速可以促进油液向溢流口附近区域聚集，从而让溢流管排出的液流含油体积分数增加。此外，通过比较底流管区域的含油体积分数分布可知，不同入口流速下的含油体积分数分布基本一致，即在中心轴线附近区域的液流含油体积分数较高，在边壁面附近区域的液流含水体积分数较高。这表明入口流速从 8m/s 增加到 12m/s 时底流口附近区域的含油体积分数无较大程度的变化，经底流口排出的液流含油体积分数基本相同，从而对底流口的脱油率影响较小。

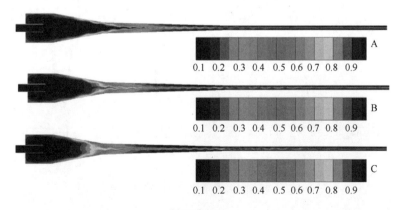

(a) $x=0$mm

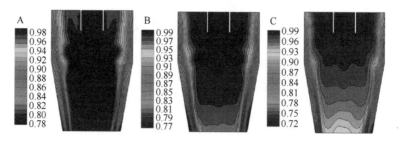

(b) $x = 0$mm且730mm$<z<$830mm

图 4.19　含油体积分数的分布云图（A：8m/s；B：10m/s；C：12m/s）

不同入口流速下 $x = 0$mm 且 730mm$<z<$830mm 截面上的含油体积分数分布云图如图 4.19（b）所示。由图可知，含油体积分数高于 0.98 的区域随着入口流速的增加越来越靠近溢流口。这与上述对图 4.19（a）的分析一致。另外，从图中也可以看出，随着入口流速的增加，云图中低含油体积分数的区域增大。当入口流速从 8m/s 增加到 10m/s 时，含油体积分数从 0.78 降低到 0.77；当进一步增大入口流速到 12m/s 时，含油体积分数降低到 0.72。这也表明入口流速为 12m/s 时协同装置的油-水分离能力更强，更利于油液向溢流口附近区域聚集。这与上述对切向速度的分析基本一致。

不同入口流速下的含油体积分数分布曲线如图 4.20 所示。从图 4.20（a）可知，不同入口流速条件下的含油体积分数无较大的差异。这也表明入口流速从 8m/s 增加到 12m/s，底流口附近区域的含油体积分数无较为明显的变化。从图 4.20（b）可以看出，在靠近中心区域，含油体积分数随着入口流速的增加有明显降低的趋势。其原因是高含油体积分数的油液更集中于溢流口附近区域，从而使得该横截面附近区域液流含油体积分数降低。该结果与上述对图 4.19 的分析一致。综上，增加入口流速可以强化协同装置油-水两相分离能力，促进油液向溢流口附近区域聚集。但是，入口流速从 8m/s 增加到 12m/s 时，经溢流口排出液流的含油体积分数降低，导致溢流口脱油率降低。

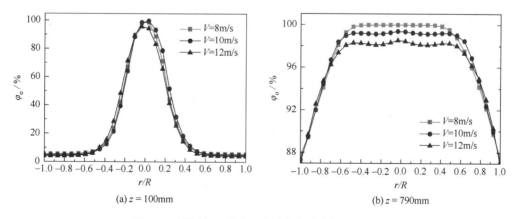

(a) $z = 100$mm　　　　　　　　　　　　　　(b) $z = 790$mm

图 4.20　不同入口流速下含油体积分数的分布曲线

三种入口流速下协同装置的分离效率如图 4.21 所示。从图中可以看出，溢流口脱水率随着入口流速的增加逐渐降低。造成该趋势的原因可能是：较高的入口流速使高含油体积分数的油液更集中于单元中心轴线区域,溢流口边壁区域流入了包含相对较低的含油体积分数的油液(图 4.19);较高的入口流速使得未充分分离的水相经短路流从溢流口流出。特别地,在入口流速为 8m/s 时达到最大,在该条件下,溢流口脱水率约为 96.9%。从图中还可以看出,底流口脱油率随入口流速的增加变化较小,且在入口流速为 12m/s 时,底流口脱油率最大,约为 89.6%,与另外两种条件相比,底流口脱油率增加了约 1%。

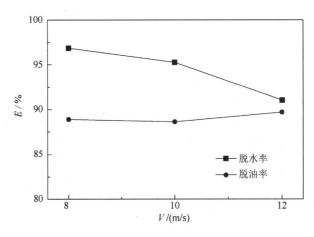

图 4.21　不同入口流速下协同装置的分离效率

2）电场频率对协同装置分离效率的影响

设入口流速为 10m/s,电压幅值为 11kV;电场频率分别为 4Hz、6Hz 和 8Hz。不同电场频率条件下协同装置各横截面上切向速度的径向分布曲线如图 4.22 所示。从图中可以看出,在 $z = 620$mm 截面上的最大切向速度出现在壁面附近;$z = 100$mm、750mm 及 790mm 截面上的最大切向速度出现在轴线附近区域,且电场频率的变化对分离效率有较小程度的影响。详细地,在底流段截面上,电场频率为 4Hz 和 8Hz 时的切向速度基本重合;电场频率为 6Hz 时的切向速度在$-1<r/R<-0.5$ 和 $0<r/R<0.5$ 内均比另两种电场频率条件下的切向速度低,但是在$-0.5<r/R<0$ 和 $0.5<r/R<1$ 内却高于 4Hz 和 8Hz 时的切向速度。这表明电场频率的变化对底流段截面径向各区段有较小影响,但整体上产生的离心场强度无较大差异。因此,在该温度下所选电场频率的增加对协同装置的分离能力无较为明显的促进作用。在 $z = 620$mm 横截面上,准强制涡和准自由涡区域分别为$-0.8<r/R<0$ 和$-1<r/R<-0.8$。可以发现,小锥段内部强制涡的范围比准自由涡的范围更大。在$-1<r/R<-0.8$ 内,电场频率从 4Hz 增加到 8Hz 时的切向速度基本相同,这表明在准自由涡区域内,电场频率的变化对切向速度的分布无明显的影响。在$-0.8<r/R<0$ 内,不同电场频率条件下的切向速度分布有较明显的变化。详细地,在$-0.8<r/R<0$ 内,当电场频率从 4Hz 增加到 6Hz 时,切向速度随之增加;当电场频率继续增大为 8Hz 时的切向速度却低于电场频率为 4Hz 时的切向速度。在$0<r/R<0.8$ 内,当电场频率从 4Hz 增加到 6Hz 时,切向速度降低;当电场频率继续增大到 8Hz 时,切向速度高于电场频率为 4Hz 时的切向速度。由此可知,电场频率的变化对准强制涡

区域内的切向速度的分布有较小影响。特别地,三种电场频率条件下的最大切向速度分别为 10.2m/s、9.19m/s 和 10.5m/s。但是就整个区域而言,电场频率的变化对小锥段内部离心场强度无较大影响。

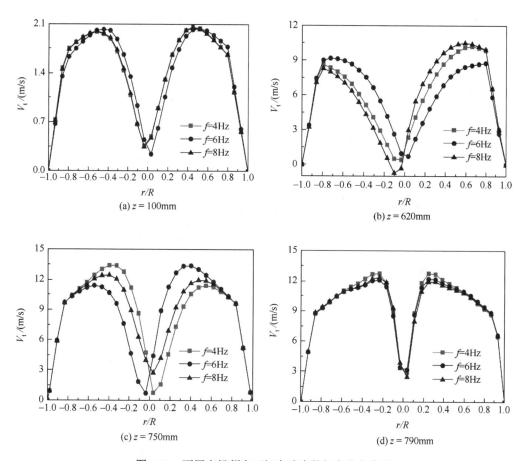

图 4.22 不同电场频率下切向速度的径向分布曲线

从图中还可以看出,$z = 750$mm 横截面上的切向速度分布与 $z = 620$mm 截面上的切向速度分布明显不同。准强制涡区的范围明显缩小,且电场频率对切向速度分布的影响不限于内部强制涡区。在该截面上,切向速度变化不明显的区域靠近壁面,为$-1 < r/R < -0.7$。以中心轴线($r/R = 0$)为分界,在$-0.7 < r/R < 0$ 内,电场频率为 4Hz 时的切向速度最大,电场频率为 6Hz 时的切向速度最低;在 $0 < r/R < 0.7$ 内,两种电场频率条件下的切向速度分布相反。电场频率为 8Hz 时的切向速度分布呈明显的轴对称 M 形,且切向速度在 $0 < r/R < 0.7$ 内均处于另两种条件下的切向速度之间。但是,从整体上看,电场频率从 4Hz 增大到 8Hz 时协同装置大锥段的分离能力无明显变化,这与上述对 $z = 620$mm 横截面的分析基本一致。此外,直管段区域的横截面上,在$-1 < r/R < -0.5$ 及 $0.5 < r/R < 1$ 内,不同电场频率条件下的切向速度无明显区别;在$-0.5 < r/R < -0.2$ 及 $0.2 < r/R < 0.5$ 内,电场频率的变化仅对切向速度有较小影响。其中电场频率为 4Hz 时的切向速度明显高于另外两种条件

下的切向速度。这表明在直管段区域，电场频率的变化对切向速度的影响主要体现在最大切向速度上，但是这种影响较小，对协同装置分离能力的促进作用不明显。综上，在此温度下电场频率的变化对协同装置内流场的影响较小，对油-水两相分离的促进作用也不明显。

协同装置 $x=0mm$ 以及 730mm＜z＜830mm 两横截面上的含油体积分数分布云图如图 4.23 所示。从图中可以清楚地看出，电场频率的变化对含油体积分数的分布无较为明显的影响。特别地，对于靠近溢流口区域的含油体积分数的分布，结合图 4.23（b）可以看出，电场频率从 4Hz 增大到 8Hz 时含油体积分数的等值线基本相同，即含油体积分数的分布无明显差异。因此，电场频率的变化对经溢流口排出液流的含油体积分数无较为明显的影响，从而对溢流口脱水率无较大影响。另外，从图中也可以看出，当电场频率变化时，底流口附近区域的含油体积分数也无明显差别。这也说明在该温度下，电场频率经4Hz 增大为 8Hz 时，协同装置对油-水两相流的分离能力无明显提高。

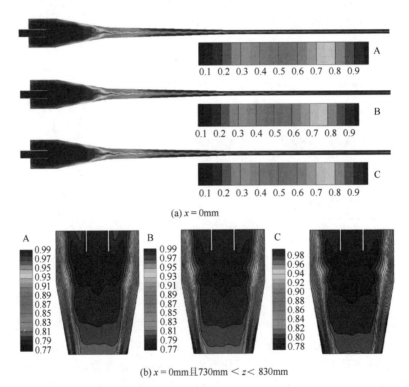

(a) $x=0mm$

(b) $x=0mm$且730mm ＜ z＜ 830mm

图 4.23　含油体积分数的分布云图（A：4Hz；B：6Hz；C：8Hz）

不同电场频率作用下含油体积分数的分布曲线如图 4.24 所示。由图可知，三种电场频率作用下同一截面上的含油体积分数分布相同，表明在该温度下所选电场频率对含油体积分数的影响不明显。从图 4.24（a）中可以看出，在−0.5＜r/R＜0 内，电场频率为 6Hz 时的含油体积分数低于另两种电场频率条件下的含油体积分数；但在 0＜r/R＜0.5 内，电场频率为 6Hz 时的含油体积分数却高于另两种电场频率条件下的含油体积分数。因此，在整个横截面区域，三种电场频率条件下含油体积分数无较大差异。这表明了经底流口排出的液流含油体积分数无明显变化，即液流的含水体积分数基本一样，从而使底流口脱油率无较大差异。此外，从图 4.24（b）中也可以看出，不同电场频率条件下的含油体积分数分布基本重合，这也表明经溢流口排出的液流含油体积分数基本相同，从而具有一致的溢流口脱水率。

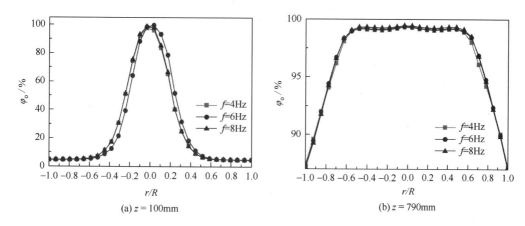

图 4.24　不同电场频率含油体积分数的分布曲线

　　不同电场频率下协同装置的分离效率如图 4.25 所示。从图中可以看出，三种电场频率条件下协同装置无明显差异。特别地，不同电场频率条件下的溢流口脱水率约为 94.6%；底流口脱油率约为 69.49%。这与上述对协同装置内部流场以及含油体积分数分布的分析一致。

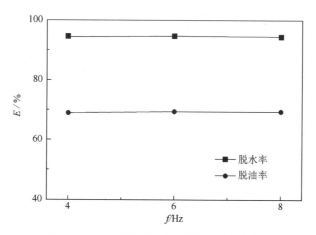

图 4.25　不同电场频率下协同装置的分离效率

　　3）电压幅值对协同装置分离效率的影响

　　选定入口流速为 10m/s，电场频率为 6Hz，电压幅值分别为 10kV、11kV 和 12kV。不同电压幅值条件下协同装置四个横截面上切向速度的径向分布曲线如图 4.26 所示。从图 4.26 中可以看出，在几何结构上沿着底流口方向切向速度逐渐减小，电压幅值的变化对切向速度的影响较小。详细地，$z = 100$mm 横截面上，在 $-1 < r/R < -0.8$ 及在 $-0.4 < r/R < 0$

内，不同电压幅值条件下的切向速度分布基本相同；在 $-0.8<r/R<-0.4$ 内，电压幅值为 11kV 和 12kV 条件下的切向速度明显高于电压幅值为 10kV 时的切向速度。这表明在靠近中心轴线和边壁区域的切向速度分布基本不受电场幅值变化的影响，但是在中间区域内部，电压幅值为 11kV 和 12kV 条件下协同装置产生的离心场比 10kV 条件下的略强，更利于两相的分离。在小锥段区域，不同电压幅值下的切向速度分布与上述不同电场频率条件下的分布情况类似（图 4.22），准自由涡的范围比准强制涡的范围更小。不同电压幅值条件下，切向速度的分布有较小程度的变化。在 $r/R<0$ 内，切向速度随着电压幅值的增大而降低；在 $0<r/R$ 内，切向速度随电压幅值的增加逐渐增大。从图中可以看出，电压幅值为 11kV 和 12kV 条件下的切向速度呈较为规则的 M 形，电压幅值为 10kV 条件下的切向速度分布不关于中心轴线对称。其原因是在电压幅值为 10kV 条件下协同装置小锥段区域内的流动不稳定程度更高，这可能会使该段内的油-水两相分离受到影响。在大锥段的横截面上，不同电压幅值条件下的切向速度分布基本一致。这表明在该温度下电压幅值的变化对协同装置大锥段内油-水两相分离的影响较小。类似地，协同装置直管段截面上的切向速度也无明显变化。综上，在该温度下，电压幅值的变化对协同装置内部流场的影响较小，且电压幅值为 11kV 和 12kV 时的分离能力比电压幅值为 10kV 时的分离能力略强。

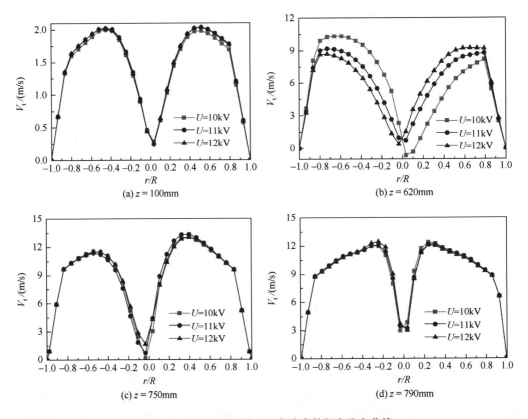

图 4.26　不同电压幅值下切向速度的径向分布曲线

不同电压幅值下，协同装置的 $x=0$mm 截面上含油体积分数的分布云图如图 4.27 所示。由图可知，与 10kV 相比，电压幅值为 11kV 条件下含油体积分数高于 0.9 的油核的"尾"明显变短。这表明电压幅值从 10kV 增大到 11kV 时，油核更集中于溢流口附近区域，从而能够较小程度地增加经溢流口排出液流的含油体积分数，进而较小程度地提高溢流口脱油率。通过比较 11kV 和 12kV 条件下的含油体积分数可知，电压幅值的变化对含油体积分数的分布无明显的影响。从图 4.27（b）中可以看出，当电压幅值从 10kV 增大到 11kV 时，含油体积分数高于 0.99 的区域明显增大；电压幅值继续增大到 12kV，含油体积分数分布无明显变化。这也表明电压幅值为 11kV 和 12kV 时协同装置的油-水分离性能略高于 10kV。

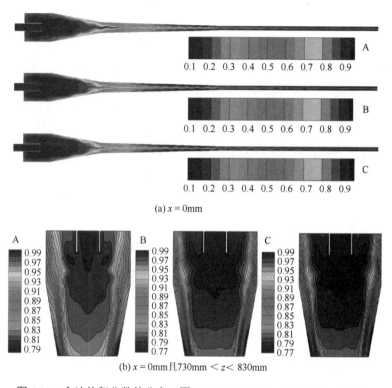

(a) $x=0$mm

(b) $x=0$mm且730mm $<z<$ 830mm

图 4.27　含油体积分数的分布云图（A：10kV；B：11kV；C：12kV）

在靠近溢流口及底流口的 $z=100$mm 及 790mm 截面上的含油体积分数分布曲线如图 4.28 所示。由图 4.28（a）可以看出，除了中心轴线附近区域，电压幅值为 10kV 条件下的含油体积分数明显高于另两种条件下的含油体积分数；电压幅值为 11kV 和 12kV 条件下的含油体积分数分布基本重合。这表明电压幅值为 11kV 和 12kV 条件下协同装置底流口附近区域的含油体积分数更低，经底流口排出的液流含水体积分数更高，具有更高的底流口脱油率。由图 4.28（b）可知，在溢流口附近区域，电压幅值为 11kV 和 12kV 条件下的含油体积分数明显高于电压幅值为 10kV 时的含油体积分数。这表明电压幅值为 11kV 和 12kV 时协同装置具有更高的溢流口脱水率。

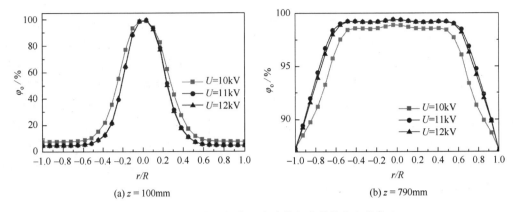

(a) $z=100$mm　　　　　　(b) $z=790$mm

图 4.28　不同电压幅值下含油体积分数的分布曲线

不同电压幅值下的协同装置分离效率如图 4.29 所示。从图中可以看出，三种电压幅值下的分离效率相差不大，且在电压幅值从 10kV 增大到 11kV 时，溢流口脱水率和底流口脱油率的变化较为明显，电压幅值为 11kV 和 12kV 条件下的分离效率基本相同，溢流口脱水率约为 94.7%，底流口脱油率约为 69.4%。这与上述对该温度下电压幅值的变化对协同装置内部流场和含油体积分数的分布分析结果一致。因此，在该温度下，电压幅值为 11kV 和 12kV 时协同装置具有更高的分离效率。

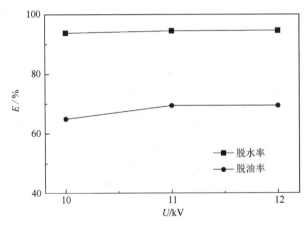

图 4.29　不同电压幅值下协同装置的分离效率

综上所述，通过对特定温度条件下的三场协同破乳脱水单元分离特性分析，发现电场的施加对内部流场影响十分有限，但是对单元分离效率的影响不可忽视。切向速度场的变化与分离效率是对应的，即切向速度为液-液相分离提供离心力。不同温度条件下，对应各操作对单元分离效率的影响是不同的，但是大致趋势相同，即油液温度的升高导致油液黏度的下降，因此对应的分离效率也在随温度的升高而提高，这也很好地解释在实际的工艺生产环节中通过给油加热来提高油-水分离的效果，特别是在 75℃ 的情况下，溢流口的脱水率均接近 95%，体现了该系统较好的脱水分离性能。但是，在实际的操作中，考虑到油品氧化、能耗等方面问题，对加热温度的选择需要综合考虑而定。

4.4 三场协同破乳脱水装置与实验

4.4.1 实验装置

根据旋流离心场、高压脉冲电场及真空温度场破乳脱水原理,进行装置三维建模设计并研制工业废油三场协同破乳脱水装置,如图 4.30 所示。装置布局紧凑、装拆维护方便,主要由化工泵、变频器、旋流器、高压脉冲电源、溢流罐、底流罐、粗滤器、加热器、真空分离罐、排油泵、循环泵及精滤器等部件组成。

图 4.30 工业废油三场协同破乳脱水装置

三场协同破乳脱水装置能够产生三种物理场,从结构上可分为两个单元,即双场耦合单元和真空加热单元。双场耦合单元是将脉冲电场和旋流离心场巧妙地集成在旋流器内,如图 4.31 所示。旋流器溢流管材质选用导电性较佳的铜材质,由于旋流管在直管段内有一段伸入长度,恰好可以将此段作为高压脉冲电场正极,并做好溢流管与筒身的绝缘。筒身可以作为高压脉冲电场负极,当溢流管接上高压脉冲电源时,便可在旋流器直管段形成高压脉冲电场。

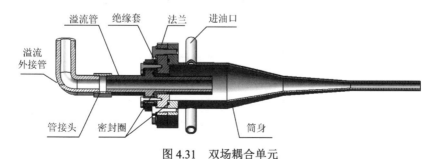

图 4.31 双场耦合单元

　　化工泵选择单螺杆泵，单螺杆泵运行振动较小，给料压力及流量可以满足设计要求，重要的是单螺杆泵可以最大限度减小对混合液的剪切乳化作用，降低实验误差，所选择的单螺杆泵公称流量为 $8m^3/h$；旋流器结构参数根据第 3 章仿真优化确定的最佳参数设计研制；高压脉冲电源为 HD15-1.0 型数显高压脉冲电源（天津市慧达电子元件厂），如图 4.32 所示，其输出电压 0～20kV 可调，输出频率 0.1～5000Hz 可调，占空比 30%～60% 可调；粗滤器滤芯采用磁性过滤器，型号为 WU-160×180f，磁性可达 $8×10^{-2}$～$1.5×10^{-1}$T，过滤精度为 100μm，可以过滤油液中铁屑等较大颗粒杂质；精滤器选用网式过滤器，过滤精度为 50μm，滤芯型号为 XU-A 160×50，公称流量均为 160L/min；四排加热管平行布置，加热功率为 20 kW，温控器控制加热温度为 40～70℃。

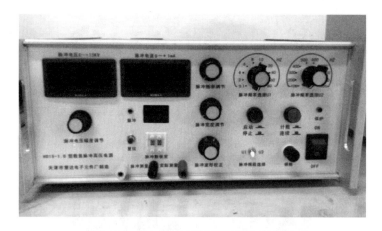

图 4.32　HD15-1.0 型数显高压脉冲电源

4.4.2　实验方案

　　利用三场协同破乳脱水装置进行实验，通过改变装置的操作条件研究操作参数对脱水率的影响规律，并得到最佳操作参数组合。在脱水实验过程中，主要操作参数为入口流速、电压幅值、电场频率及加热温度，由于参数较多，拟通过正交实验＋单因素实验来获得最佳操作参数组合。

　　正交实验设计利用排列规则的正交表来合理地安排较少次数的实验，利用数理统计的原理科学地对实验结果进行分析，是一种较为科学的处理多因素实验方法[4]。正交实验的优点是在保证全面实验的条件下进行少次实验找出各因素对实验结果的影响程度，并通过分析确定主要因素及次要因素，找出最佳参数组合，达到高效完成实验的目的。

　　本次正交实验拟采用 $L_{25}(5^4)$ 正交表设计实验方案[5]，研究各操作参数对装置脱水率的影响规律，初步确定脱水实验最佳操作参数组合。

　　实验温度为 25℃，正交实验参数变动范围如下：入口流速为 6～14m/s，电压幅值为 7～15kV，电场频率为 2～10Hz，加热温度为 50～70℃。本实验安排四因素五水平的正交实验，实验因素与水平见表 4.2。

表 4.2　脱水实验研究水平因素表

因素名称	入口流速/(m/s)	电压幅值/kV	电场频率/Hz	加热温度/℃
水平 1	6	7	2	50
水平 2	8	9	4	55
水平 3	10	11	6	60
水平 4	12	13	8	65
水平 5	14	15	10	70

初步通过正交实验确定各因素最佳水平,在此基础上进行单因素实验,保持其他因素为最佳水平,改变单一因素分析其对实验结果的影响。通过单因素实验,可以分析入口流速、电压幅值、电场频率及加热温度对脱水率的影响规律,得出更加精确的操作参数组合。单因素实验方案见表 4.3。

表 4.3　单因素实验方案表

因素/序号	入口流速/(m/s)	电压幅值/kV	电场频率/Hz	加热温度/℃
1	变量	定量	定量	定量
2	定量	变量	定量	定量
3	定量	定量	变量	定量
4	定量	定量	定量	变量

注:方案表中定量即正交实验确定的最优参数

4.4.3　实验样品及检测装置

实验选用 46# 汽轮机油制备含水体积分数为 10%的 W/O 型乳化液,其密度为 863kg/m³;分散相选用工业蒸馏水,其密度为 998 kg/m³,乳化剂为 Span-80。乳化液制备过程如下:先将蒸馏水按照一定比例加入 46# 汽轮机油中,并用烧杯盛装适量乳化剂 Span-80 加入混合液中,Span-80 可以保持乳化液的稳定性。启动高速剪切乳化机搅拌混合溶液,将高速剪切乳化机转速缓慢提升至特定转速进行搅拌,搅拌完成之后,用烧杯取样进行乳化液特性分析,确保乳化液满足实验要求,将配制好的具有较高稳定性的 W/O 型乳化液妥善保存备用。

4.4.4　实验步骤

(1)将配置好的具有较高稳定性的乳化液标样进行检测,在高倍体视显微镜下观测油样,对油样进行曝光拍照,利用颗粒图像采集系统对液滴的粒径分布进行测量统计,分散相分布均匀,粒径满足实验要求。

(2)装置开机前仔细检查并确认装置线路接触良好,接地线可靠接地,流量表及压力表工作正常。高压脉冲电源电压置于零挡,激发模式处于点触激发,脉冲占空比为 50%,频率旋钮置于低频挡位。

（3）连接乳化液油罐至三场协同破乳脱水装置进油口，开启单螺杆泵进油，调整变频器，缓慢增大入口流量至实验所需，增压过程中监控装置整体运行情况，判断装置运行噪声及振动是否在合理范围之内，若装置运行振动剧烈或噪声陡增，需立即停车检查装置部件是否异常，排除故障方可继续实验。

（4）开启罗茨真空泵、排油泵及循环泵，设置温控器温度至实验所需，加热管开始工作，此时装置真空加热单元开始运行。运行过程中密切监控装置整体运行情况。若装置运行异常，整机立即停车并排除故障方可重新开启实验。

（5）装置旋流离心脱水单元及真空加热单元运行状态良好，开启高压脉冲单元，电场参数应由小至大缓慢调整至实验所需。

（6）待装置运行稳定后，在出油口进行取样，利用水分测定仪测量油样含水体积分数，多次测量取平均值以消除实验人为误差，并详细记录实验结果。

（7）取样测量结束之后，依次关闭高压脉冲电源、进油阀、单螺杆泵、真空泵、循环泵及排油泵，关闭装置总电源，完成三场协同破乳脱水装置单次实验。

（8）重新调整参数进行下一次实验，按照步骤（1）～（7）依次进行实验，完成本组实验。

注意：实验过程中若装置运行异常，应立即停车并排除故障方可重新启动，切勿带电操作，防止高压误伤。

4.4.5 实验结果与分析

1. 正交实验

利用三场协同破乳脱水装置进行正交实验，四种因素分别为入口流速、电压幅值、电场频率及加热温度，在装置出油口进行取样，并用水分测定仪测量油样中含水体积分数，含水体积分数越小，说明装置脱水率越高。经过 25 组正交实验后油液中含水体积分数的测试结果及极差分析结果如表 4.4 所示。

表 4.4 三场协同破乳脱水实验含水体积分数直观分析表

因素名称/序号	入口流速/(m/s)	电压幅值/kV	电场频率/Hz	加热温度/℃	含水体积分数/%
1	6	7	2	50	5.91
2	6	9	4	55	5.76
3	6	11	6	60	4.43
4	6	13	8	65	5.07
5	6	15	10	70	4.86
6	8	7	4	60	5.73
7	8	9	6	65	4.85
8	8	11	8	70	3.79
9	8	13	10	50	4.87
10	8	15	2	55	5.36
11	10	7	6	70	3.91
12	10	9	8	50	4.72

续表

因素名称/序号	入口流速/(m/s)	电压幅值/kV	电场频率/Hz	加热温度/℃	含水体积分数/%
13	10	11	10	55	4.41
14	10	13	2	60	4.16
15	10	15	4	65	4.38
16	12	7	8	55	5.01
17	12	9	10	60	4.83
18	12	11	2	65	4.05
19	12	13	4	70	3.96
20	12	15	6	50	3.91
21	14	7	10	65	3.96
22	14	9	2	70	3.68
23	14	11	4	50	5.95
24	14	13	6	55	5.14
25	14	15	8	60	4.95
t_1	5.206	4.904	4.632	5.072	
t_2	4.920	4.768	5.156	5.136	
t_3	4.316	4.526	4.448	4.820	
t_4	4.352	4.640	4.708	4.462	
t_5	4.736	4.692	4.586	4.040	
$R^{(5)}$	0.890	0.378	0.708	1.096	

注：$t_1 \sim t_5$ 表示某一水平对应的实验结果之和与该水平出现的次数之比；$R^{(5)}$ 表示 $t_1 \sim t_5$ 的极差

在正交实验中，极差可以定量表示某个因素对实验结果的影响程度。四个影响因素中，极差值越大，说明其对分离效率的影响程度越大。本实验因素极差分析直观图如图 4.33 所示。由实验因素极差分析图（图 4.33）可知，入口流速、电压幅值、电场频率及加热温度四个因素对含水体积分数的影响顺序如下：加热温度＞入口流速＞电场频率＞电压幅值。

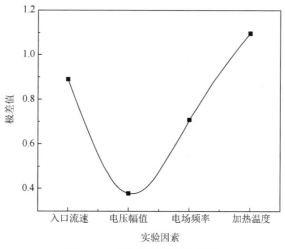

图 4.33　实验因素极差分析图

作加热温度、入口流速、电场频率和电压幅值各水平下含水体积分数的均值变化图，如图 4.34 所示。

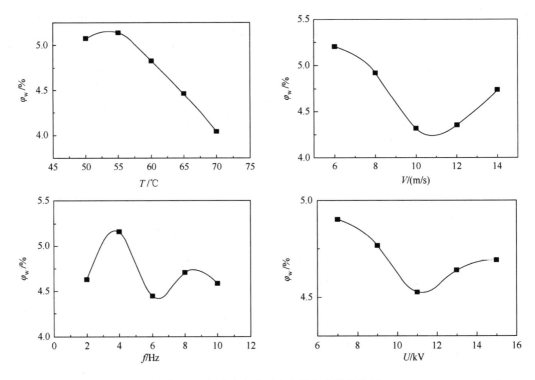

图 4.34　各因素各水平含水体积分数变化图

在本组实验中，出油口含水体积分数越小说明装置脱水效果越好，通过对图 4.34 中各因素各水平条件下含水体积分数直观分析，得出正交实验最佳操作参数组合为：加热温度 70℃，入口流速 10m/s，电场频率 6Hz，电压幅值 11kV。

2. 单因素实验

1）加热温度对脱水率的影响

由正交实验分析可知，加热温度较其他因素对装置脱水率的影响较大，故优先针对加热温度进行单因素分析实验，实验方案见表 4.5。在实验过程中，保持其他参数设置为最优，改变加热温度进行实验，用水分测定仪测量出油口含水体积分数，实验结果见表 4.6。

表 4.5　三场协同破乳脱水实验单因素（加热温度）实验方案

因素名称/序号	入口流速/(m/s)	电压幅值/kV	电场频率/Hz	加热温度/℃
1	10	11	6	60
2	10	11	6	63
3	10	11	6	66
4	10	11	6	69
5	10	11	6	72

表 4.6   三场协同破乳脱水实验单因素（加热温度）实验结果

序号	加热温度/℃	第一次实验/%	第二次实验/%	第三次实验/%	平均值/%
1	60	4.42	4.96	4.73	4.70
2	63	4.15	4.60	4.71	4.49
3	66	3.79	4.23	4.32	4.11
4	69	3.49	3.96	4.07	3.84
5	72	3.38	3.42	3.83	3.54

对实验结果进行拟合得到加热温度-含水体积分数变化规律曲线图，如图 4.35 所示。由图可知，加热温度越高，出油口油样中含水体积分数越少，说明协同装置脱水效果越好。在加热温度为 72℃时含水体积分数达到最小，为 3.54%。实验说明加热温度对装置脱水率起到促进作用。但是在工程应用中，过高的加热温度将会使油液氧化，破坏油品理化性质[6]。故在实际操作中，设定加热温度为 70℃。

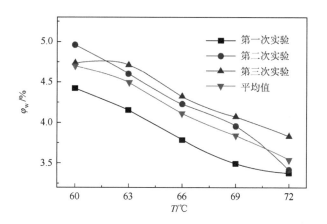

图 4.35   加热温度-含水体积分数变化规律曲线

2）入口流速对脱水率的影响

对入口流速进行单因素分析实验，实验方案见表 4.7。在实验过程中，保持其他参数设置为最优，改变入口流速进行实验，用水分测定仪测量出油口含水体积分数，实验结果见表 4.8。

表 4.7   三场协同破乳脱水实验单因素（入口流速）实验方案

因素名称/序号	入口流速/(m/s)	电压幅值/kV	电场频率/Hz	加热温度/℃
1	8	11	6	70
2	9	11	6	70
3	10	11	6	70
4	11	11	6	70
5	12	11	6	70

表 4.8　三场协同破乳脱水实验单因素（入口流速）实验结果

序号	入口流速/(m/s)	第一次实验/%	第二次实验/%	第三次实验/%	平均值/%
1	8	4.19	4.37	4.65	4.40
2	9	4.08	4.26	4.29	4.21
3	10	3.64	3.78	4.05	3.82
4	11	3.61	3.62	3.84	3.69
5	12	3.69	3.66	3.93	3.76

图 4.36 为根据实验结果利用绘图软件拟合得到的入口流速-含水体积分数变化规律曲线图。从图中可以看出，随着入口流速的增加，含水体积分数先减小后增加，在入口流速为 11m/s 时达到最小，为 3.69%，故入口流速最佳取值为 11m/s。

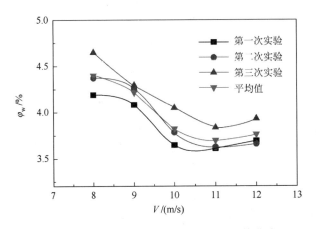

图 4.36　入口流速-含水体积分数变化规律曲线

3）电场频率对脱水率的影响

对电场频率进行单因素分析实验，实验方案见表 4.9。在实验过程中，保持其他参数设置为最优，改变电场频率进行实验，用水分测定仪测量出油口含水体积分数，实验结果见表 4.10。

表 4.9　三场协同破乳脱水实验单因素（电场频率）实验方案

因素名称/序号	入口流速/(m/s)	电压幅值/kV	电场频率/Hz	加热温度/℃
1	11	11	4	70
2	11	11	5	70
3	11	11	6	70
4	11	11	7	70
5	11	11	8	70

表 4.10　三场协同破乳脱水实验单因素（电场频率）实验结果

序号	电场频率/Hz	第一次实验/%	第二次实验/%	第三次实验/%	平均值/%
1	4	4.13	4.25	4.41	4.26
2	5	4.01	4.16	4.32	4.16
3	6	3.84	3.59	4	3.81
4	7	3.91	3.76	4.13	3.93
5	8	4.23	4.1	4.2	4.18

图 4.37 为根据实验结果利用绘图软件拟合得到的电场频率-含水体积分数变化规律曲线图。从图中可以看出，随着电场频率的增加，含水体积分数先减小后增加，在电场频率为 6Hz 时取得最小，为 3.81%，故电场频率最佳取值为 6Hz。

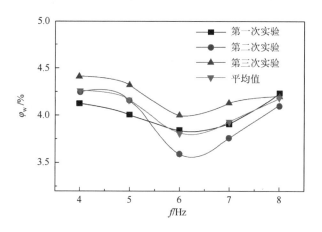

图 4.37　电场频率-含水体积分数变化规律曲线

4）电压幅值对脱水率的影响

对电压幅值进行单因素分析实验，实验方案见表 4.11。在实验过程中，保持其他参数设置为最优，改变电压幅值进行实验，用水分测定仪测量出油口含水体积分数，实验结果见表 4.12。

表 4.11　三场协同破乳脱水实验单因素（电压幅值）实验方案

因素名称/序号	入口流速/(m/s)	电压幅值/kV	电场频率/Hz	加热温度/℃
1	11	10	6	70
2	11	10.5	6	70
3	11	11	6	70
4	11	11.5	6	70
5	11	12	6	70

表 4.12   三场协同破乳脱水实验单因素（电压幅值）实验结果

序号	电压幅值/kV	第一次实验/%	第二次实验/%	第三次实验/%	平均值/%
1	10	4.25	4.37	4.19	4.27
2	10.5	4.08	4.13	4.06	4.09
3	11	3.69	3.64	3.52	3.62
4	11.5	3.47	3.58	3.33	3.46
5	12	3.83	3.71	3.81	3.78

图 4.38 为根据实验结果利用绘图软件拟合得到的电压幅值-含水体积分数变化规律曲线图。从图中可以看出，随着电压幅值的增加，含水体积分数先减小后增加，在电压幅值为 11.5kV 时达到最小，此时含水体积分数为 3.46%，故电压幅值最佳取值为 11.5kV。

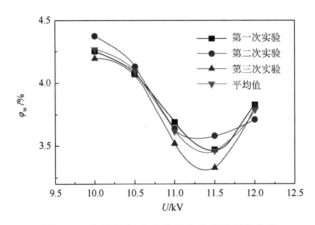

图 4.38   电压幅值-含水体积分数变化规律曲线

综上所述，三场协同破乳脱水实验最佳操作参数组合为：加热温度 70℃，入口流速 11m/s，电场频率 6Hz，电压幅值 11.5kV。根据实验结果，可计算得到乳化液在最佳操作参数条件下溢流口脱水率为 86.2%。经分析发现，实验结果与 4.3 节的仿真计算结果存在差异，主要体现在：在仿真计算中当加热温度为 70℃、入口流速 12m/s、电场频率 6Hz、电压幅值 11kV 时，分离效率最好，溢流口脱水率高到 94.67%，与实验得到的最佳操作参数存在一定的差别，而实验得到的溢流口脱水率最高 86.2%，相对误差为 8.47%；仿真分析条件为加热温度为 70℃、入口流速 10m/s、电场频率 6Hz、电压幅值 12kV 时，与实验得到的最佳操作参数比较接近，计算得到的溢流口脱水率为 91.82%，比实验结果要大。对于上述偏差，主要是因为数值分析模型在建立和计算过程中由于假设条件、应用算法、计算精度等而产生计算结果误差；实验装置在设计制造及使用过程中由于设计制造精度、实验操作方法、测试精度等方面原因而产生实验结果误差。但是，仿真结果和实验结果在不同条件下的变化趋势是一致的，存在的偏差也在合理的范围内。由此可见，数值分析得到的相关结果是合理的，可以为装置设计和应用提供可靠指导。

参 考 文 献

[1] 阎军. 静电场和离心力场联合分离水/油型乳状液[J].化工学报，1998，49（1）：17-27.

[2] 刘先斌，廖兰. 废润滑油再生资源产业化问题的研究[J]. 资源科学，2006，28（2）：186-189.

[3] 李兴虎，赵晓静. 润滑油黏度的影响因素分析[J]. 润滑油，2009，24（6）：59-64.

[4] 刘文卿. 实验设计[M]. 北京：清华大学出版社，2005.

[5] 刘振学，黄仁和，田爱民. 实验设计与数据处理[M]. 北京：化学工业出版社，2005.

[6] 贾玉梅，张贤明，任宏飞. 真空滤油机油中水分真空蒸发初探[J]. 重庆工商大学学报（自然科学版），2007(4)：411-414.

第5章 基于群体平衡模型的双场耦合分离技术

为了满足复杂乳化液的高效经济破乳脱水需求,在前期研究中,提出了一种乳化液双场耦合脱水净化装置。该装置以双锥段旋流离心分离单元为本体结构,在溢流管嵌入高压电源正极,旋流室外壁接地,形成高压脉冲电场与旋流离心场的耦合。其中,高压脉冲电场使得微小液滴快速聚结增大,旋流离心场可以实现大液滴的快速分离。然而,在电场聚结和旋流剪切的共同作用下,液滴的粒径变化非常复杂,直接影响装置的分离效率。鉴于此,本章提出基于群体平衡模型(population balance model,PBM)的双场耦合分离技术。该技术利用群体平衡方程,建立乳化液液滴在耦合场中的聚结和破碎模型,然后通过群体平衡模型与 CFD 方法耦合,进行耦合场中的多相分离仿真计算。

本章以双场耦合分离技术为基础,研究乳化液液滴在耦合场中的聚结与破碎对装置分离性能的影响。在此基础上,利用双场耦合装置实验平台,开展相关的实验,研究电压幅值和入口流速对装置分离效率和液滴粒径分布的影响规律,为装置最佳工作参数选择与设定提供指导。

5.1 耦合场乳化液液滴的聚结与破碎过程

5.1.1 群体平衡模型

在化工行业中,颗粒尺寸分布不仅对系统内部溶液的混合、反应、传热以及传质均有影响,而且影响整个系统内的流体力学行为,因此很有必要对多相流体系中的分散相颗粒粒径分布进行准确描述。群体平衡模型是描述多相流系统中分散相尺寸分布的数学模型[1]。其主要通过将分散相液滴划分为有限数量的子液滴组,通过子液滴数量密度守恒方程来预测液滴尺寸分布。群体平衡模型为液滴的聚结与破碎提供了模拟依据。在两相流系统中,群体平衡模型的表达式为[2]

$$\frac{\partial n(d,t)}{\partial t} + \nabla \cdot \left[\boldsymbol{u} n(d,t) \right] = B_{\text{coalescence}} + B_{\text{breakup}} - D_{\text{coalescence}} - D_{\text{breakup}} \quad (5.1)$$

$$\begin{cases} B_{\text{coalescence}} = \dfrac{1}{2} \int_0^d a(d-d',d') n(d-d',t) n(d',t) \mathrm{d}d' \\ B_{\text{breakup}} = \displaystyle\int_{\Omega_d} p g(d') \beta(d \mid d') n(d',t) \mathrm{d}d' \\ D_{\text{coalescence}} = \displaystyle\int_0^\infty a(d,d') n(d,t) n(d',t) \mathrm{d}d' \\ D_{\text{breakup}} = g(d) n(d,t) \end{cases} \quad (5.2)$$

式中,$\boldsymbol{u}$ 为粒子的传输速度;$n(\ )$ 为数量密度函数;$g(\ )$ 为破碎频率函数;$\beta(\ )$ 为概率密度函数；p 为子液滴数量；d 和 d' 为两相互作用液滴的直径；$a(\ )$ 为聚结函数，定义为碰撞频率与聚结效率的乘积；$B_{coalescence}$ 为由于聚结的液滴生成源项；$B_{breakup}$ 为由于破碎的液滴生成源项；$D_{coalescence}$ 为由于聚结的液滴消亡源项；$D_{breakup}$ 为由于破碎的液滴消亡源项。

5.1.2　电场聚结

从电学角度来看，电场引起偶极相互作用，使相邻的液滴相互吸引，这一过程称为偶极聚结。值得注意的是，这里将水作为高导电性的介质，因此水滴内部电场视为 0，外部电场可以通过定义液滴中心的偶极矩来进行描述。Davis[3]利用双球面坐标对两导电球形液滴进行了精确计算，得到

$$F_r = -4\pi\varepsilon b^2 E_0^{\ 2}(F_1\cos^2\theta + F_2\sin^2\theta) \tag{5.3}$$

$$F_\theta = -4\pi\varepsilon b^2 E_0^{\ 2}F_3\sin^2\theta \tag{5.4}$$

式中，F_r 和 F_θ 分别为电场力的径向和切向分量；ε 为液滴的介电常数；b 为两球形液滴球心间的距离；E_0 为外部电场强度；F_1、F_2、F_3 与液滴半径及其之间的距离有关。

通过研究简化模型，可以初步估计乳化液液滴在电场作用下由 N 个半径为 a 的液滴聚结为 $N/2$ 个半径为 $2^{1/3}a$ 的液滴的演化时间。这是由控制两相邻液滴相对运动的方程决定的。利用 Stokes 方程和偶极矩表达式，可以得到[4]

$$4\pi\eta a\frac{\mathrm{d}r}{\mathrm{d}t} = -48\pi\varepsilon E_0\frac{a^6}{r^4} \tag{5.5}$$

式中，η 为动力黏度。假设两液滴的初始距离为 $\left(\dfrac{4\pi}{3\varphi}\right)^{1/3}a$，则可以通过求解上述方程得到特征时间 t_1 为

$$t_1 = \frac{8\eta}{15\varepsilon E_0^{\ 2}}\left[\left(\frac{\pi}{6\varphi}\right)^{5/3} - 1\right] \tag{5.6}$$

Panchenkov 和 Tsabek 通过对比电场力和热力学能力 KT 的影响，推导出了亚微米级别液滴之间偶极聚结的近似表达式。为了得到相对较大液滴的偶极聚结表达式 $K(a,b)$，很有必要解决在电场诱导力作用下的液滴相对运动问题。假设一个稳定的液滴 A 侵入一个分布随机但均匀且各向同性分布的液滴 B（浓度为 N_B）系统中。液滴 B 通过半径为 r 的球体向液滴 A 移动的通量 $\Phi(r)$ 为[5]

$$\Phi(r) = 8\pi(\varepsilon E_0^{\ 2}/\eta)(a^3b^2/r^2)N_B\int_0^{\theta_1}(3\cos^2\theta - 1)\sin\theta\mathrm{d}\theta \tag{5.7}$$

由于液滴 B 在 $\theta_1 < \theta < \pi-\theta_1$ 是被排斥的，$\theta_1 = \arccos(1/\sqrt{3})$。聚结概率与通过对应于液滴之间的几何接触的半径 $a+b$ 的球体的通量成比例：

$$\Phi(a+b) = \frac{16\pi\varepsilon E_0^{\ 2}a^3b^2}{3\sqrt{3}\eta(a+b)^2}N_B \tag{5.8}$$

同理可得，以液滴 B 为中心进行计算，并将两者相加，可以得到

$$\frac{\mathrm{d}N_A}{\mathrm{d}t} = \frac{\mathrm{d}N_B}{\mathrm{d}t} = -\frac{16\pi\varepsilon E_0^{\ 2}a^2b^2}{3\sqrt{3}\eta(a+b)}N_AN_B \tag{5.9}$$

因此，可以推导出电聚结函数：

$$K_1(a,b) = \frac{16\pi\varepsilon E_0^2 a^2 b^2}{3\sqrt{3}\eta(a+b)} \tag{5.10}$$

式（5.10）是由半径为 $a+b$ 的球体上的通量推导出来的，因此对于两个相距很近的液滴，偶极矩公式是不适用的。此时，静电力的径向分力为

$$F_r = -\frac{80\pi\varepsilon E_0^2 b^{2.8}}{s^{0.8}(2+b/a)^4}\cos(2\theta) \tag{5.11}$$

式中，s 为两个液滴之间的距离。此时，乳化液液滴的电聚结速度为[6]

$$K_2(a,b) = \frac{160\pi\varepsilon E_0^2 (a+b)^2 b^{0.8} s^{0.2}}{9\eta(2+b/a)^4} \tag{5.12}$$

此外，Zhang 等[7]研究了在电场力和重力作用下，两个导电球形液滴在均相不相容流体中的碰撞速度，可以表示为

$$J_{ij} = \frac{2}{3}\pi n_i n_j (r_i + r_j)^2 \frac{(\hat{\mu}+1)(\rho_w - \rho_o)(1-\kappa^2)r_i^2 g}{(3\hat{\mu}+2)\mu_o} e(r_i, r_j) \tag{5.13}$$

$$Q_{E,ij} = \frac{4\kappa r_i g(\rho_o - \rho_w)(1-\kappa)}{3\varepsilon_o \varepsilon_v E^2 (1+\kappa)^2} \tag{5.14}$$

式中，κ 为小液滴与大液滴的直径之比；ε_o 和 ε_v 分别表示真空介电常数和液滴的相对介电常数；$e(r_i, r_j)$ 为聚结效率。Zhang 等[7]利用轨迹分析的方法，在考虑了液滴间的静电相互作用、水动力学和范德瓦耳斯力的情况下，跟踪液滴对的相对运动，得到了电场诱导力参数 $Q_{E,ij}$ 与 $e(r_i, r_j)$ 之间的关系，如图 5.1 所示。

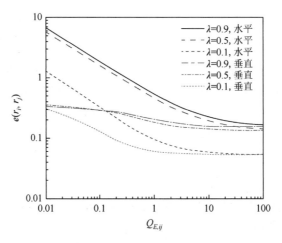

图 5.1　电场诱导力参数 $Q_{E,ij}$ 对聚结效率的影响

在此基础上，Akbarian-Kakhki 等[8]得到了在电场作用下液滴的聚结效率：

$$e(r_i, r_j) = 0.56\left(\frac{3\varepsilon_v \varepsilon_o (1+\kappa)^2 E^2}{2gr_i\kappa(\rho_w - \rho_o)(1-\kappa)}\right)^{0.55} \tag{5.15}$$

胡佳宁[9]研究了层流状态下，球形液滴在高压高频脉冲电场作用下的脱水机理。

（1）在重力作用下，由于沉降速度不同，大液滴与小液滴之间的距离不断减小。当两液滴的间距足够小时，静电力急剧增大，两水滴快速靠近、碰撞并发生聚结。聚结后的液滴静电力和沉降速度增大，加速了液滴之间的聚结过程。

（2）高压高频脉冲动态电脱水过程中，不同流层的乳化液流速不同，导致水滴之间相互碰撞的概率较高。此外，电脱水器中存在局部涡流，增大了水滴之间的碰撞概率，提高了液滴之间的聚结速度。

此外，胡佳宁推导出了粒径相同水滴的聚结速度公式：

$$\frac{\mathrm{d}N}{\mathrm{d}t} = -1.71 \times 10^{-5} \frac{U^{3.86} f^{1.42} n^{0.91} N^2}{\mu I^{0.28} N_0} \tag{5.16}$$

式中，U 为脱水电压；f 为脱水电场频率；n 为脉宽比；N 为液滴数量；μ 为连续相的黏度；I 为脱水平均电流。

5.1.3　湍流聚结

1. 聚结机理

根据流场的湍流长度尺度，乳化液中微小的分散相液滴的相对运动主要是由湍流波动引起的，局部湍流波动提高了液滴之间的碰撞速度，因此增大了聚结频率。对于二元碰撞，液滴粒径分别为 d_i 和 d_j 之间的聚结速度 λ 可以表示为碰撞频率 h 和聚结效率 e 的乘积，即

$$\lambda(d_i, d_j) = h(d_i, d_j) e(d_i, d_j) \tag{5.17}$$

液滴的聚结过程可以分为三个步骤[10, 11]：

（1）由于湍流波动，初始液膜厚度为 h_i 的两个液滴相互靠近。

（2）两个液滴之间的液膜变薄，达到临界厚度 h_f。

（3）液膜破碎，两个液滴发生聚结。

初始液膜厚度通常取决于自身黏度、表面张力、碰撞液滴的尺寸以及两个液滴的接近速度。Lee 等[12]初步预测初始液膜厚度为 10～100μm。然而，Tsouris 和 Tavlarides[13]认为初始液膜厚度 $h_i \approx 0.1 r_{eq}$，其中 $r_{eq} = d_1 d_2 / (d_1 + d_2)$ 为两个碰撞液滴的当量半径。Tsouris 和 Tavlarides[13]认为当临界厚度 h_f 小于 0.05μm 时，液膜会发生破裂。Venneker 等[14]和 Chasters[15]推导出了 h_f 的表达式：

$$h_f = \left(\frac{A_H r_{eq}}{8\pi\sigma} \right)^{1/3} \tag{5.18}$$

式中，A_H 为 Hamaker 常数。

2. 碰撞频率

Kuboi 等[16]和 Lee 等[12]通过将分散相液滴的数量密度（n_1, n_2）与 h 相乘，给出了碰撞频率 h 的数量频率形式。对于二元碰撞，碰撞频率可以定义为 $h = S_{12} u_{rel} n_1 n_2$。其中，$n_1$ 和 n_2 为直径为 d_1 和 d_2 的液滴的数量密度（每单位分散相体积的液滴数），S_{12} 为相互碰

撞的截面面积，$S_{12} = \pi(d_1 + d_2)^2/4$。

通常在假设液滴碰撞速度与等尺度涡旋速度相同的情况下，液滴间的相对速度 u_{rel} 为[17]

$$u_{rel} = C_1 \varepsilon_c^{1/3} \sqrt{d_1^{2/3} + d_2^{2/3}} \tag{5.19}$$

式中，C_1 为常数；ε_c 为连续相的湍流能量扩散率。因此，二元碰撞的碰撞频率可以表示为

$$h(d_1, d_2) = C_1 \varepsilon_c^{1/3} (d_1 + d_2)^2 \sqrt{d_1^{2/3} + d_2^{2/3}} \, n_1 n_2 \tag{5.20}$$

Bapat 和 Tavlarides 等[18]考虑了分散相体积分数的影响，将碰撞频率 h 修正为

$$h(d_1, d_2) = \frac{C_2}{1 + \varphi_d} \varepsilon_c^{1/3} (d_1 + d_2)^2 \sqrt{d_1^{2/3} + d_2^{2/3}} \, n_1 n_2 \tag{5.21}$$

式中，φ_d 为分散相的体积分数；$C_2 = 0.0019$ 为经验常数。

3. 聚结效率

目前，常用的计算聚结效率的模型有能量模型、临界接近速度模型和液膜排水模型[19]。其中，液膜排水模型广泛用于基于分散液滴当量直径的韦伯数和液滴之间的相对速度远小于 1 的情况[20]。两碰撞液滴发生聚结或反弹取决于接近速度和两液滴之间的液膜厚度达到临界厚度 h_f 的时间。Coulaloglou[21]通过假设液滴接触时间为随机变量，排水时间为常量，得出了两碰撞液滴的聚结效率：

$$\lambda(d_1, d_2) = \exp(-t_d / t_c) \tag{5.22}$$

式中，t_d 为液膜排水时间；t_c 为接触时间。当 $t_d < t_c$ 时，碰撞液滴就会发生聚结。

当 $0.01 < \mu_d/\mu_c < 100$ 时，液滴对中间液膜的径向流动具有明显的阻碍作用，但阻力不大，液滴表现为刚性球体，液滴表面表现为部分流动界面。Tsouris 和 Tavlarides[13]推导出了具有部分移动界面的非变形液滴的液膜排水时间表达式：

$$t_d = \frac{3\pi\mu_c r_{eq}^2}{2F} \left\{ 1.872 \ln\left[\frac{\sqrt{h_i} + 1.378q}{\sqrt{h_f} + 1.378q} \right] + 0.127 \ln\left[\frac{\sqrt{h_i} + 0.312q}{\sqrt{h_f} + 0.312q} \right] \right\} \tag{5.23}$$

式中，$q = \frac{\mu_c}{\mu_d}\sqrt{\frac{r_{eq}}{2}}$；$F$ 为压缩力。对于局部各向同性湍流系统，湍流力为[22]

$$F_t = \begin{cases} 2\pi\rho_c \varepsilon_e^{2/3} r_{eq}^2 \left(\dfrac{d_1 + d_2}{2}\right)^{2/3}, & R \geq l, \text{表示两碰撞液滴位于惯性子区} \\[3mm] \dfrac{\pi\rho_c \varepsilon_e r_{eq}^2}{\mu_c} \left(\dfrac{d_1 + d_2}{2}\right)^2, & R < l, \text{表示两碰撞液滴位于粘性子区} \end{cases} \tag{5.24}$$

式中，ε_e 为混合相的能量耗散率，l 表示长度尺寸。

胶质力有两种作用：范德瓦耳斯力和静电双层斥力。忽略静电力的影响，胶质力可以表示为[22]

$$F_c = \frac{A_H r_{eq}}{12 h_i^2} \tag{5.25}$$

由此可以得到压缩力 $F = F_t + F_c$。

Kamp 等[20]将接触时间定义为液膜开始发生到开始反弹之间的时间间隔。通过假设增加的液滴表面自由能与系统动能减少相等，推导出了接触时间表达式：

$$t_c = \frac{\pi}{\sqrt{6}} \sqrt{\frac{\rho_c C_{VM} r_{eq}^3}{\sigma}} \qquad (5.26)$$

式中，$0.5 < C_{VM} < 0.803$ 取决于液滴比例及其之间的距离。在各向同性假设的基础上，Coulaloglou 和 Tavlarides[23]以及 Lee 等[12]得出接触时间为

$$t_c = \frac{(d_1 + d_2)^{2/3}}{\varepsilon^{1/3}} \qquad (5.27)$$

5.1.4　破碎模型

1. 临界电场强度

众所周知，在高压脉冲电场作用下，油中水颗粒形成诱导偶极，当两水滴靠近且带相反电荷时，便会相互吸引发生聚结。在这一过程中，水滴在电场中振动，同时水滴随着电场作用发生拉伸变形，以削弱界面膜强度，促进液滴聚结。但是，Taylor[24]在实验中发现乳化液中的液滴在电场作用下被拉长，电场强度越大，液滴变形量越大。Hsu[25]发现在很高的电场作用下液滴会被分解成若干个小液滴，产生电分散现象。Eow 等[5]通过实验详细地阐述了不同介质油中电场强度与液滴变形的对应关系，提出电场强度过高不利于乳化液的破乳脱水。在电场作用下，乳化液液滴发生破碎的临界电场强度为[26]

$$E_c = 0.64 \sqrt{\frac{\sigma}{2\varepsilon r}} \qquad (5.28)$$

2. 韦伯数

韦伯数是指分散相中液滴达到的某一外界条件下破碎的临界值，用来判断分散相液滴的聚结与破碎的临界条件。韦伯数的定义为

$$We = \frac{变形外力}{表面张力/液滴直径} \qquad (5.29)$$

式中，变形外力包括电场力、黏性力和湍流脉动压力。湍流脉动的动能是随波长增加而增加的，较长波长的脉动相对于较短波长的脉动会产生速度差，因此产生湍流脉动压力 $\rho \overline{u^2}$，其中 $\overline{u^2}$ 为液滴直径 d 方向上的速度均方差。假设湍流为局部各向同性，则液滴直径 d 远大于 Kolmogorov 尺度，可以得到[17]

$$\overline{u^2} = C_4 (\varepsilon d)^{2/3} \qquad (5.30)$$

式中，C_4 为常数。在惯性子区且局部各向同性的湍流场中，湍流脉动压力起主要作用，忽略黏性力的影响。因此可以得到在耦合场作用下乳化液液滴的韦伯数公式为

$$We_{couple} = \frac{\varepsilon_c \varepsilon_0 E_0^2 + C_4 (\varepsilon d)^{2/3}}{\sigma} \qquad (5.31)$$

3. 破碎函数

1）破碎机理

在湍流系统中，液滴的破碎取决于由连续相湍流波动引起的外部应力和液滴内部应力之间的平衡。外部应力使液滴发生变形；内部应力使得液滴恢复，使界面面积最小化[27]。一旦湍流引起的外部应力大于内部应力，液滴就会发生破碎。考虑到乳化液液滴中的水滴粒径非常小，而且脱水型旋流器中呈高度湍流状态，旋流器中的分散相液滴的破碎主要是由湍流波动引起的。湍流剪切应力引起的液滴破碎速度可以定义为[19]

$$B(d_i, d_j) = g(d_j)\beta(d_i, d_j) \tag{5.32}$$

式中，$g(d_j)$ 为破碎频率；$\beta(d_i, d_j)$ 为子液滴分布函数。

2）破碎频率

球形液滴由于湍流涡旋引起的外部流动的作用而变形。当湍流剪切应力大于内部应力时，球形液滴不断变形，逐渐变细。在达到变形的极限之后，乳化液液滴分解成更小的液滴。Coulaloglou 和 Tavlarides[23]通过假设子液滴尺寸与各向同性湍流涡旋尺寸相等来计算液滴破碎时间，并且采用破碎时间对破碎概率进行归一化处理，得到液滴破碎频率的数学模型：

$$g(d_j) = C_3 \frac{\varepsilon^{1/3}}{(1+\varphi)d_j^{2/3}} \exp\left(-\frac{C_4 \sigma(1+\varphi)^2}{\rho_d \varepsilon^{2/3} d_j^{5/3}}\right) \tag{5.33}$$

式中，C_3、C_4 为经验常数。

3）子液滴概率分布函数

液滴发生破碎后会产生许多大小不一的子液滴，因此很有必要了解子液滴粒径分布情况。Bapat 和 Tavlarides[18]给出了描述子液滴粒径分布的 β 函数：

$$\beta(d_i, d_j) = 30\left(\frac{d_i^3}{d_j^3}\right)^2 \left(1 - \frac{d_i^3}{d_j^3}\right)^2 \tag{5.34}$$

式中，d_j 为母液滴粒径。

5.2　模 型 计 算

5.2.1　多相流模型与群体平衡模型的耦合

与 2.2 节中构建的耦合分离模型相似，在基于群体平衡模型的耦合分离模型中，同样采用 Mixture 模型作为多相流模型，雷诺应力模型为湍流模型。单元模型、流场控制方程和电场控制方程此处不再赘述，详见 2.2.2 节。

将多相流模型与群体平衡模型耦合，模拟装置中的油-水两相分离过程，可以充分理解流体动力学、受流体动力学影响的液滴剪切和聚结现象，以及受液滴剪切和聚结影响的分散相行为的机理。通常，在单一的 CFD 模拟中，并不考虑分散相液滴聚结和破碎对液滴尺寸分布的影响，而是采用恒定的液滴尺寸进行计算。事实上，由于聚结和破碎的影响，旋流器内部分散相液滴的尺寸分布是动态变化的。这些局部分布差异影响了分散相液滴的相对速度与体积分数变化。CFD 和群体平衡模型的耦合是一种双向耦合,两者通过分散相的索特平均直径(Sauter mean diameter,SMD)进行联系。在群体平衡模型平台中,采用 UDF 编译 5.1 节中讨论的聚结函数、破碎函数与子液滴概率分布函数。在每个时间步中,群体平衡模型平台循序地接收每个计算网格单元中的流体速度、湍流能量扩散率以及其他流体特征信息。其次,群体平衡模型平台开始计算相应网格单元的 SMD。再次,群体平衡模型平台将信息回传到 CFD 平台中,同时群体平衡模型平台会储存给定时间步长的液滴尺寸分布,如数量密度等信息。最后,CFD 平台利用分散相液滴的 SMD,求解混合相 N-S 方程,实现两相流分离的精确模拟。

5.2.2　网格划分与无关性分析

采用自动网格对耦合装置进行网格划分,通过比较 3 种网格数量(109177 个、312344 个、611088 个)情况下 $z=790$mm 截面上切向速度的径向分布以及装置内部含油体积分数分布(图 5.2),研究网格数量对模拟结果的影响。由图 5.2 可知,网格数量为 312344 个和 611088 个时,切向速度的径向分布曲线和含油体积分数曲线非常接近。网格数量继续增大对模拟结果几乎没有影响。因此,划分网格数量为 312344 个,网格最大生长率为 1.1,曲率因子为 0.7。网格示意图如图 5.3 所示。

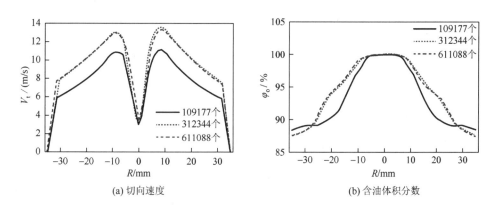

(a) 切向速度　　　　　　　　　　　　　(b) 含油体积分数

图 5.2　不同网格数量下的切向速度的径向分布和含油体积分数分布

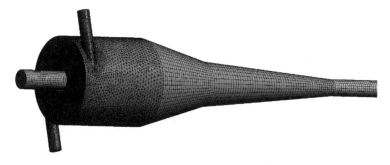

图 5.3　计算网格

5.2.3　物性参数及边界条件

双场耦合装置几何结构如图 2.2 所示。为了保证装置内部流场对称，采用双切向式入口。乳化液沿切向进入装置中，两个切向入口均设置为速度入口（6m/s、8m/s、10m/s 和 12m/s），溢流口与底流口设置为自由出口，溢流分流比设置为 90%。湍流强度设置为 5%。电压幅值设置为 0kV、10kV、11kV、12kV 和 13kV。油和水的物性参数如表 5.1 所示。将液滴尺寸分为 19 组，液滴离散尺寸分布如表 5.2 所示。壁面采用无滑移边界条件，近壁面区域采用标准壁面函数进行处理。

表 5.1　20℃时油和水的物性参数

参数	ρ_o/(kg/m³)	ρ_w/(kg/m³)	μ_o/(mPa·s)	μ_w/(mPa·s)	ε_o/(F/m)	ε_w/(F/m)
数值	863	988.2	16.8	1.01	2.8	81.5

表 5.2　19 组液滴尺寸分布

组号	直径/μm	体积分数	组号	直径/μm	体积分数
1	50	0.0087	11	179.8	0.0735
2	56.8	0.0187	12	204.4	0.0871
3	64.6	0.0224	13	232.3	0.1286
4	73.4	0.0283	14	264	0.0924
5	83.4	0.0337	15	300	0.0871
6	94.8	0.0408	16	341.1	0.0691
7	107.8	0.0439	17	387.6	0.0603
8	122.5	0.0491	18	440.6	0.0318
9	139.2	0.0539	19	500.7	0.0082
10	158.2	0.0624			

5.2.4　求解参数设置

双场耦合模拟采用瞬态求解，多相流模型采用 Mixture 模型，湍流模型采用雷诺应力模型，且采用基于压力的求解器进行求解计算。运用有限体积方法对控制方程进行离散。其中，Momentum，Volume Fraction，Turbulent Kinetic Energy，Turbulent Dissipation Rate and Reynold Stresses 选择 QUICK 格式；Water Bin 选择 First Order Upwind 格式；连续性方程及动量守恒方程的压力-速度耦合选择 SIMPLEC 格式；梯度项选择 Least Squares Cell Based 格式；由于本次模拟的数值模型具有高速旋转特性，压力之间的插值选择 PRESTO 格式。数值计算的时间步长设为 0.05s。

5.3 系统分离特性及工作参数调控

5.3.1 对流场的影响

切向速度决定了液滴所受的离心力,对分离效率产生直接影响。入口流速为 10m/s 时,不同电压幅值作用下耦合装置 $z = 790mm$、750mm、620mm 和 100mm 截面的切向速度分布如图 5.4 所示。从图中可以看出,电压幅值对切向速度的影响不大,且各截面切向速度变化趋势基本一致,呈现 M 形分布,即沿径向先增大后降为 0。在 $z=790mm$ 截面处,当电压幅值为 0kV 时,即在单一旋流离心场作用下,切向速度最大值为 13.5m/s。当电压幅值为 11kV 时,最大切向速度增至最大,为 15m/s,相对于无电场情况增大了 11%。然而,当电压幅值继续增大到 13kV 时,最大切向速度略微减小。这要归因于电场的聚结作用,适当的电场强度促使微小水滴聚结增大,提高了作用在液滴上的离心力,改善分离效果。但是过大的电压容易造成液滴粒径过大,超过了旋流离心装置的最大稳定粒径,从而增大液滴破碎概率,不利于后续的旋流分离。此外,过大的电场强度还会导致电分散现象,即液滴在电场中的非线性伸缩振动幅度过大,导致液滴被拉裂。在图 5.4(b)中,由于上旋流、下旋流运动以及水相和油相的分离,

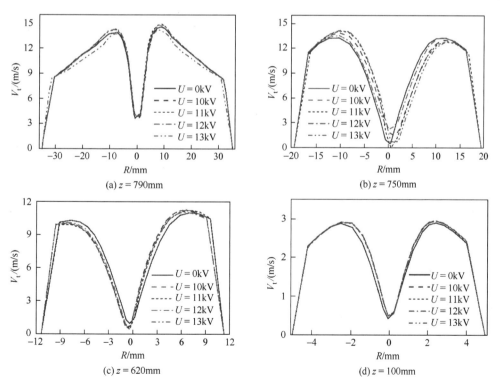

图 5.4 不同电压幅值下耦合装置切向速度分布

耦合装置内部湍流运动复杂且不稳定,导致施加电场后装置内部流体的切向速度产生对称偏移。总的来说,施加电场后,液滴粒径的变化降低了流场稳定性,导致切向速度分量向负半轴方向偏移。同样地,在 z=620mm 截面,切向速度向正半轴偏移。在图 5.4 (d) 中,在施加电场的情况下,切向速度分布基本重合,即电场强度变化对底流管段的切向速度影响较小,但是均略大于无电场情况。这是因为电场增强了聚结效果,增大了底流口附近的液滴粒径,导致切向速度略微增大。

入口流速是重要的可调节操作参数之一,直接影响耦合装置的分离性能。一方面,入口流速直接决定了耦合装置的旋流离心效果;另一方面,提高入口流速可以增强耦合装置内部的旋流剪切强度,导致液滴破碎速率增大。当液滴破碎速率大于聚结速率时,乳化液液滴之间的相互作用表现为净破碎,这增大了液滴破乳脱水难度,不利于油-水分离的进行。为了研究在双场耦合作用下入口流速对耦合装置内部流场的影响,将电压幅值设置为 11kV,模拟入口流速为 6m/s、8m/s、10m/s 和 12m/s 时耦合单元内部的两相流动。图 5.5 为不同入口流速时耦合装置不同截面的切向速度分布。从图中可以看出,随着入口流速的增大,各截面的切向速度逐渐增大,但增大幅度逐渐减小。这一现象表明,旋流剪切效应随着入口流速的增大而增强,导致更多的液滴破碎,从而略微减小了切向速度的增幅。从图 5.5 (b) 和 (c) 中可以看出,入口流速为 10m/s 和 12m/s 时,对应的切向速度曲线严

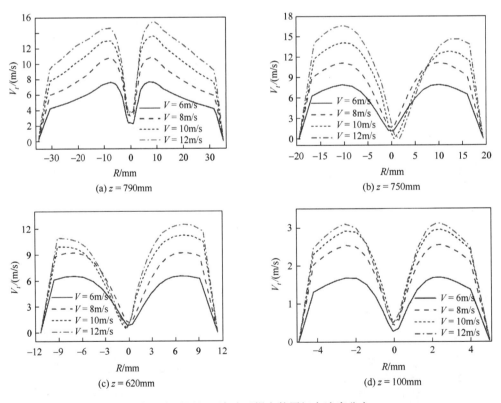

图 5.5　不同入口流速下耦合装置切向速度分布

重偏离中心轴线位置，其至出现负值。这是由于入口流速太大，增强了耦合装置内部的湍流强度，扰乱了流场的稳定性，这是不利于油-水分离的。在耦合装置底流管段，四种入口流速情况下的切向速度的径向分布基本恢复对称状态。这表明底流管段能够起到稳定流场的作用。另外，入口流速由 8m/s 增大至 12m/s 时，切向速度增幅很小。也就是说，入口流速继续增大对底流管段切向速度的影响较小。

5.3.2　对液滴粒径的影响

　　液滴粒径决定了其所受的离心力，是影响分离性能的主要因素。入口流速为 10m/s 时，0kV 和 11kV 作用下的耦合装置纵向截面的索特平均粒径分布云图如图 5.6 所示。当电压幅值为 0kV 时，湍流波动导致液滴发生碰撞聚结，液滴粒径沿轴向逐渐增大。另外，从图中可以看出，耦合装置轴线区域的液滴粒径较小。这是因为单一的旋流离心场难以分离乳化液中的微小液滴，这些微小液滴聚集于装置轴线区域的油核中，从装置溢流口排出。当电压幅值为 11kV 时，电场区域的液滴粒径明显增大，并且由于是同轴圆柱形电场，液滴粒径沿径向逐渐减小。这说明电场提高了乳化液液滴的聚结速度，使得液滴粒径增大，为后续的旋流分离提供了便利。此外，相对于无电场情况，装置油核中的微小液滴明显减少，这表明电场可以有效处理微小液滴，降低油相中的含水体积分数，提高分离效率。

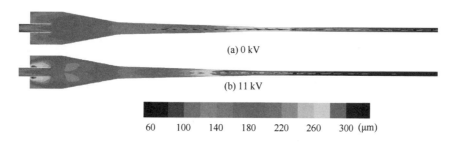

图 5.6　入口流速为 10m/s 时耦合装置纵向截面上的索特平均粒径分布云图

　　在电场区域中，不同电压下 bin1（粒径为 50μm）和 bin19（粒径为 513.4μm）的相对体积分数的径向分布如图 5.7 所示。bin1 相对体积分数的减少只有可能是由于 bin1 与其他液滴发生聚结，bin19 相对体积分数的增大只有可能是由于其他组分液滴形成聚结。从图 5.7（a）中可以看出，当电压幅值为 0kV 时，大液滴相对体积分数小于 1，表明未施加电场时，在湍流作用下大液滴发生了破碎；施加电场后，大液滴相对体积分数明显增大，并且随电压幅值的升高而增大。此外，靠近旋流室和溢流管壁面时，大液滴相对体积分数迅速减少。这是因为虽然电场增大了大液滴的相对体积分数，但是由于壁面附近速度梯度和剪切力较大，大液滴发生破碎。图 5.7（b）中，相对于无电场情况，施加电场后，bin19 的相对体积分数减少，说明电场有效地促进了小液滴的聚结，并且电压幅值越高，聚结效率越高。

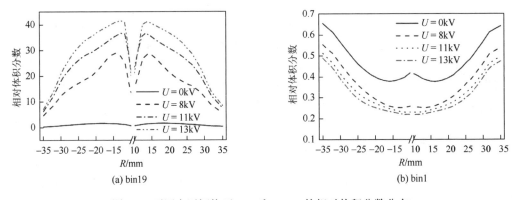

图 5.7　不同电压幅值下 bin1 和 bin19 的相对体积分数分布

为了研究入口流速对耦合装置内部液滴粒径分布的影响，本节模拟电压幅值为 11kV 时不同入口流速时双场耦合装置的分离过程。图 5.8 为入口流速为 6m/s 和 10m/s 的耦合装置纵向截面的平均索特粒径分布云图。从图 5.8 中可以看出，入口流速为 6m/s 时，耦合装置中的液滴索特平均粒径明显大于 10m/s 时的情况，表明低入口流速更有利于耦合装置中液滴的聚结。然而，图 5.8（a）中装置大锥段和小锥段轴线区域存在大量小液滴，这些小液滴分散在油核中，从溢流口排出，将不利于油-水分离。

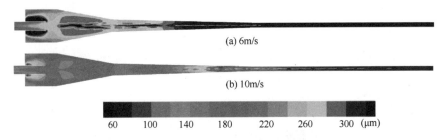

图 5.8　电压幅值为 11kV 时耦合装置纵向截面上的索特平均粒径分布云图

不同入口流速时，bin1（粒径为 50μm）和 bin19（粒径为 513.4μm）的相对体积分数的径向分布如图 5.9 所示。随着入口流速的增大，bin1 的相对体积分数逐渐增大，bin19 的

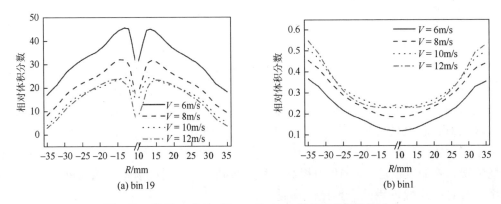

图 5.9　不同入口流速时 bin1 和 bin19 的相对体积分数分布

相对体积分数逐渐减小。这是因为入口流速增大，缩短了液滴在电场中的停留时间，增大了装置中的湍流强度，引起大液滴减少、小液滴增多。

5.3.3　对含油体积分数的影响

不同电压幅值条件下，耦合装置纵向截面的含油体积分数分布云图如图 5.10 所示。从图中可以看出，施加电场后装置中心区域附近的含油体积分数明显提高，尤其是在溢流管附近。当电压幅值为 0kV 时，装置溢流管管壁处的含油体积分数小于 0.95，表明较多液滴混杂在油液中从溢流口排出，降低了装置脱水率。施加电场后，溢流管附近的含油体积分数明显增大，溢流口排出液的含油体积分数明显增大。这表明电场和旋流离心场的耦合可以显著提高装置溢流口脱水率。当电压幅值升高至 12kV 时，溢流管附近的高含油体积分数（＞0.95）流体范围逐渐增大。然而，电压幅值继续上升，溢流口附近高含油体积分数流体范围略有降低。这一现象表明适当增大电压幅值促进液滴的聚结，使得更多油液在溢流口附近聚集，提高装置溢流口脱油率，而当电压幅值过大时，大液滴会由于旋流剪切作用发生破碎，降低溢流口附近高含油体积分数流体范围，这是不利于油-水分离的。

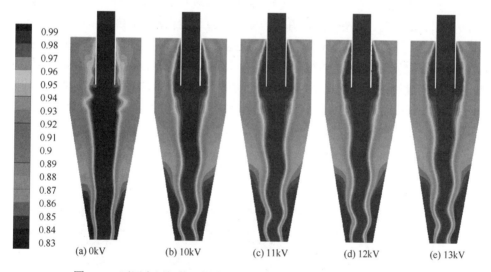

图 5.10　不同电压幅值下耦合装置纵向截面的含油体积分数分布云图

不同电压幅值下含油体积分数径向分布曲线如图 5.11 所示。图 5.11（a）中，在溢流口附近，含油体积分数随半径增大先不变后降低。随着电压幅值升高，高含油体积分数（＞0.95）范围逐渐增大。相较于无电场情况，当电压幅值为 11kV 时，高含油体积分数范围增大了 0.278。然而，当电压幅值由 11kV 增大到 12kV 时，含油体积分数几乎没有变化，电压幅值继续升高，含油体积分数反而下降。这表明适当增大电场可以有效提高溢流口排出液的含油体积分数，增大装置脱水率，而当电压过大时，大液滴会由于旋流剪切作用发生破碎，降低溢流口附近高含油体积分数流体范围，这是不利于油-水分离的。

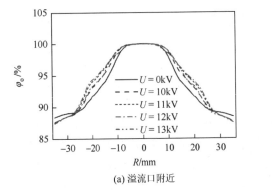 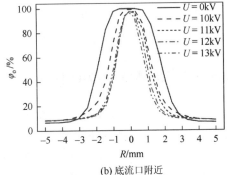

(a) 溢流口附近　　　　　　　　　　　　　(b) 底流口附近

图 5.11　不同电压幅值下的含油体积分数径向分布

　　当电压幅值为 11kV 时，不同入口流速下耦合装置纵向截面的含油体积分数分布云图如图 5.12 所示。从图中可以看出，当入口流速为 6m/s 时，大锥段底部含油体积分数较高，但是在旋流腔段和大锥段的连接区域以及溢流管外侧，含油体积分数较低。这表明低入口流速延长了乳化液在电场中的停留时间，提高了聚结效果，使得液流在锥段的分离更加充分。然而，低入口流速也会导致较低的轴向速度，油液向上旋流速度降低，导致溢流管外侧的含油体积分数下降。此外，入口流速较低会导致装置内流体的旋流强度不足，油中水滴难以分离出来，不利于油-水分离。当入口流速增大至 8m/s 时，高含油体积分数流体范围增大，并且在溢流管附近，含油体积分数明显提高。这表明入口流速为 8m/s 时，能够在保证足够大的旋流强度的情况下，提高高含油体积分数流体的聚集程度和液流向上旋流速度。然而当入口流速继续增大时，旋流腔段和大锥段的连接区域的高含油体积分数流体范围显著减小。这是因为过大的入口流速增大了液滴破碎速率，提高了溢流口排出液含水体积分数，降低了装置溢流口脱水率。

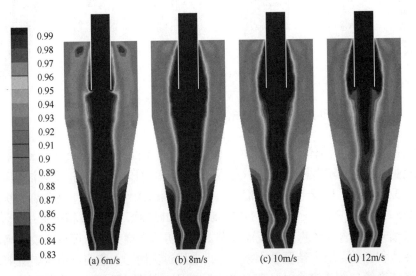

(a) 6m/s　　　　　(b) 8m/s　　　　　(c) 10m/s　　　　　(d) 12m/s

图 5.12　不同入口流速下耦合装置纵向截面的含油体积分数分布云图

不同入口流速下含油体积分数的径向分布曲线如图 5.13 所示。基于 CFD-群体平衡模型的条件,当入口流速从 6m/s 增大到 8m/s 时溢流口附近油核半径明显增大,入口流速为10m/s 时仅在油核与壁面之间区域的含油体积分数提高。当入口流速继续增大到 12m/s 时,油核基本消失,溢流口附近含油体积分数显著下降。这是因为当入口流速增大至 8m/s 时,增大了装置内流体的切向速度,促进了油-水分离。然而,入口流速过大,一方面引起较大的剪切速度,提高了液滴的破碎速度;另一方面缩短了液滴在电场中的聚结时间,降低了聚结效果,导致溢流口附近含油体积分数下降,降低了装置的分离性能。

此外,如图 5.13(b)所示,在靠近底流口区域,不同入口流速下的含油体积分数差异较小。入口流速为 10m/s 时,底流口附近的含油体积分数最低,表明此时底流口排出液中含油体积分数降低,提高了底流口脱油率。入口流速为 12m/s 时,底流口区域的含油体积分数增大,与上一段中提到的原因一致,这是不利于油-水分离的。

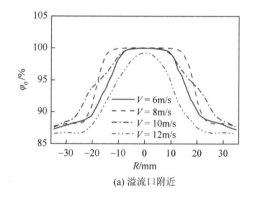 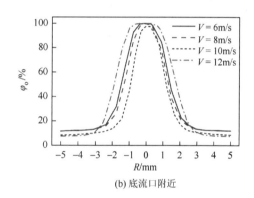

(a) 溢流口附近   (b) 底流口附近

图 5.13 不同入口流速下的含油体积分数径向分布

5.4 双场耦合分离实验

5.4.1 实验步骤

(1)仔细检查各压力表和流量计是否工作正常,装置是否按照要求接地,高压脉冲电源的线路是否正确连接。实验人员做好绝缘措施,且在高压电源加载后不应靠近装置。检查高压电源是否关闭,并将电源电压的挡位置零,激发状态置点触激发模式,频率置于低频挡。

(2)打开颗粒图像采集系统,并调节显微镜以满足观测需要。准备检测乳化液相关数据所需的含水体积分数测定仪以及其他仪器,包括量筒、烧杯、注射器等。

(3)取适量的乳化液样品,通过 Motic 显微镜和颗粒图像采集系统对其粒径进行测量和统计,若分散相颗粒的分布均匀且平均粒径在 200μm 左右,将乳化液液罐与装置进行连接;若发现乳化液不满足要求,则需要按照配置样品的要求对乳化液进行处理,直到满足实验要求。

(4)开启装置的单螺杆泵,并通过调节变频器使流量逐渐增大到实验要求的值。在调节过程中需要对装置的工作状态进行监控。若发现装置的工作异常应立即停止实验,排除故障或问题后方可继续进行实验。

（5）待装置稳定工作后，打开高压脉冲电源的开关，并从小到大逐渐调节高压脉冲电源的各个参数达到实验要求的值。

（6）待装置平稳运行后，先关闭高压脉冲电源，再关闭各阀门以及油泵，最后关闭总电源。注意装置接通高压电源的过程中不要靠近装置。

（7）用烧杯在底流罐和溢流罐的取样口进行取样，利用石油含水体积分数测定仪对试样的含水体积分数进行测定，并利用 Motic 显微镜和颗粒图像采集系统对样品粒径进行测量和统计，利用公式计算真实累积液滴尺寸分布[28]。同一样品进行多次测量取均值，且对实验结果进行记录。

$$Q_{\text{real}}(d) = gQ_{\text{overflow}}(d) + fQ_{\text{underflow}}(d) \tag{5.35}$$

式中，f 和 g 分别为溢流口和底流口液滴体积分数；Q_{overflow} 和 $Q_{\text{underflow}}$ 分别为溢流口和底流口的液滴尺寸分布。

（8）通过重复步骤（1）～（7）进行三次实验，完成本组实验。

为了排除取样阀处的短时间波动对液滴粒径分布的影响，每隔 3min 取样一次，共取三次，其平均值即该测量点的液滴粒径分布。双场耦合单元的分离效率可以通过采用石油含水体积分数测定仪来检测取样阀中样品的含水体积分数，并根据式（5.36）计算得到。

$$E = 1 - \frac{\varphi}{\varphi_{\text{w}}} \tag{5.36}$$

5.4.2　实验结果及分析

1. 累积液滴粒径分布

图 5.14 为模拟方法和实验方法得到的四种电压下的累积液滴尺寸分布。通过对比发现，模拟方法得到的累积液滴尺寸分布与实验方法的变化趋势基本一致。从图中可以看出，在不同电压幅值作用下，耦合装置中液滴的净相互作用为聚结作用。施加电场后液滴的聚结

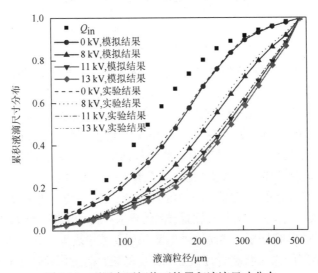

图5.14　不同电压幅值下的累积液滴尺寸分布

作用增强，而且随着电压幅值的升高，聚结效果变好。当电压幅值从 11kV 增大到 13kV 时，累积液滴尺寸分布曲线基本重合，表明电压幅值的继续升高并不能持续提高装置的聚结作用。

图 5.15 为当电压幅值为 11kV 时，采用模拟方法和实验方法得到的四种入口流速下的累积液滴尺寸分布。从图中可以看出，模拟结果与实验结果保持良好的一致性，并且在双场耦合作用下液滴之间的净相互作用表现为聚结作用。此外，随着入口流速的增大，聚结作用变弱。这是因为入口流速增大，一方面会缩短液滴在电场中的聚结时间，另一方面会增大湍流强度，提高液滴破碎的可能性，导致耦合装置分离效率降低。然而入口流速降低直接导致切向速度降低，回流减弱，导致液滴难以实现有效分离。

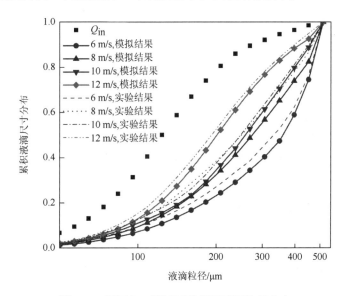

图 5.15　不同入口流速下的累积液滴粒径分布

2. SMD

索特平均粒径 $d_{32}\left(=\sum_{i=1}^{m}d_i^3 \middle/ \sum_{i=1}^{m}d_i^2\right)$ 常用来评价分散相液滴的聚结效果。电压幅值和入口流速对液滴索特平均粒径的影响如图 5.16 所示。从图中可以看出，模拟结果与实验结果的变化趋势保持一致，并且两者的误差在合理范围内。随着电压幅值的增大，索特平均粒径先增大后略微减小，当电压幅值为 11kV 时，液滴索特平均粒径达到最大，相对于单一旋流离心场作用的情况，电压幅值为 11kV 时液滴索特平均粒径增大了 24.5%。此外，当电压幅值由 11kV 增大到 13kV 时，液滴索特平均粒径逐渐降低。这是因为电场的施加促进了液滴之间的聚结，但是液滴粒径增大，导致其所受的旋流剪切作用增强，引起液滴破碎，聚结效果减弱。入口流速的增大显著减小了液滴的索特平均粒径。这是因为，一方面，入口流速的增大增强了旋流剪切作用，提高了液滴的破碎率；另一方面，入口流速的增大缩短了液滴在电场中的停留时间，降低了液滴的聚结效果。

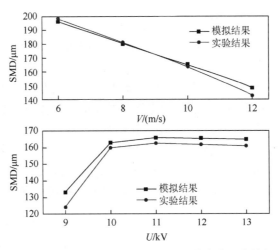

图 5.16　不同入口流速和电压幅值下的索特平均粒径

3. 分离效率

不同电压幅值下耦合装置的分离效率如图 5.17 所示。在实验条件下，当电压幅值从 0kV 升高到 11kV 时，装置脱水率和脱油率分别提高了 15.3%和 13.2%。随着电压幅值继续增大，溢流口脱水率和底流口脱油率略有下降。这是因为电压幅值上升到 11kV 时，液滴聚结增大，显著提高了耦合装置的分离效率，但是电压幅值继续增大聚结效率反而降低（图 5.16）。在没有考虑液滴聚结与破碎的情况下，双场耦合分离模型的模拟结果与实验结果之间存在较大差异。尤其是当电压幅值由 11kV 增大到 13kV 时，模拟方法得到的脱水率反而继续增大。与采用 CFD 方法相比，当采用 CFD-群体平衡模型方法时，模拟结果与实验结果之间的差异明显降低，脱水率和脱油率与实验结果之间的误差分别降低了 3.18%和 5.43%。此外，当电压幅值由 0kV 增大到 11kV 时，耦合装置脱水率和脱油率分别增大了 12.9%和 11.4%，当电压幅值继续增大到 13kV 时，装置脱水率略微下降，与实验结果的变化趋势一致。因此，在双场耦合分离模型中，液滴的聚结与破碎作用对装置分离性能的影响不可忽略。此外，从图中也可以明显看出，尽管通过实验方法得到的溢流口脱水率以及底流口脱油率均低于利用模拟方法得到的脱水率和脱油率，但均在误差允许范围内；实验结果与模拟结果

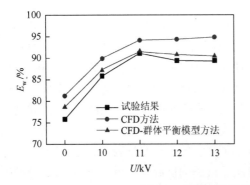
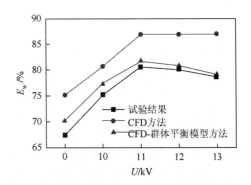

图 5.17　不同电压幅值下耦合装置的分离效率

的趋势明显一致；采用 CFD-群体平衡模型方法的双场耦合分离模型更加接近实验结果。这说明采用 CFD-群体平衡模型方法的双场耦合分离模型的模拟结果是合理的，并且相对于单一的 CFD 方法，模拟结果更加精确。

图 5.18 为不同入口流速下耦合装置的分离效率。从图中可以看出，当入口流速由 8m/s 增大到 12m/s 时，两个模拟结果与实验结果均随入口流速的增大而降低，但是采用 CFD-群体平衡模型方法得到的模拟结果更加接近于实验结果。此外，与单一 CFD 方法得到的模拟结果相比，CFD-群体平衡模型方法得到的模拟结果与实验结果之间的误差分别降低了 4.84%和 4.67%。在实验条件下，当入口流速由 10m/s 增大到 12m/s 时，底流口脱油率略微下降，这与 CFD 方法的模拟结果恰恰相反，而 CFD-群体平衡模型方法的模拟结果与实验结果一致。因此，CFD-群体平衡模型方法可以更加准确地模拟耦合装置中油-水两相分离过程与计算分离效率。在考虑液滴聚结与破碎的情况下，相较于入口流速为 6m/s 的条件，入口流速为 8m/s 时溢流口脱水率和底流口脱油率分别增大了 9.5%和 6.9%。此外，随着入口流速的继续增大，脱水率逐渐降低，其原因主要与液滴的破碎有关。从图中还可知，模拟结果均大于实验结果，但是实验结果与模拟结果的趋势基本一致。因此，采用 CFD-群体平衡模型方法的双场耦合分离模型是合理的，并且相对于单一的 CFD 方法，CFD-群体平衡模型方法大大提高了模拟精度。

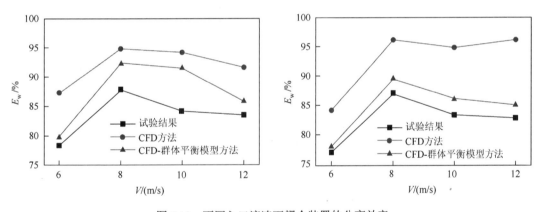

图 5.18 不同入口流速下耦合装置的分离效率

5.5 基于双场耦合的三相分离技术与装置

在石油化工及工业废油资源化行业中，乳化液成分复杂，主要含有乳化水和固体颗粒物，如金属磨粒、二氧化硅等，为后续的加工带来了一定的难度，同时加速了设备磨损。因此很有必要对乳化液进行去固处理。本节在脱水型旋流器的基础上，将底流管部分进行合理改造，形成一种复合式液-液-固三相分离装置（简称双场耦合三相分离装置）。

5.5.1 工艺流程设计

高压脉冲电场破乳技术不但能够建立高压稳定破乳电场，而且避免了电极间的高压短路电流，解决了由于电击穿而产生的更小液滴分散的问题，同时降低了破乳剂的使用量和能耗。与传统的交流、直流电破乳相比，高压脉冲电场破乳更加节省电能。

液-液分离旋流器利用液体密度的不同将高速旋转的两种液体分开，在石油化工等领域得到广泛使用，其主要特点是重量轻、体积小、流量适应范围宽及操作维修方便等。用旋流离心场取代重力场，能够极大地提高油-水分离速度。然而研究表明，对于液滴粒径较大的 W/O 型乳化液，旋流器分离效率较高，而当液滴粒径较小时，其分离效率很低，分离效果很不理想。常规去固处理是在脱水装置前安装滤网，这不仅增加了成本，而且降低了旋流离心装置的入口流量，导致分离效率降低。因此，本节提出集成高压脉冲电场、旋流离心场和去固单元实现工业废油快速高效的脱水净化及去固处理，其基本设计构想是：利用高压脉冲电场聚结水滴、旋流离心场除去大粒径水滴、去固单元除去固体颗粒等特点，通过合理集成，实现工业废油高效脱水净化及去固处理。工艺流程设计构想图如图 5.19 所示。

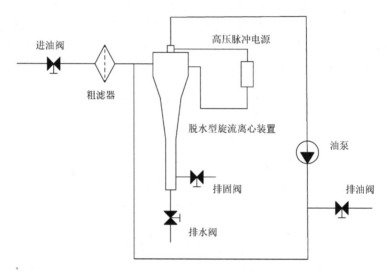

图 5.19　工艺流程设计构想图

按照工艺流程设计构想及三相分离原理，考虑到工艺的实用性和可操作性，工业废油液-液-固三相分离工艺流程如图 5.20 所示。在电场-旋流离心场耦合破乳脱水环节，由旋流离心装置作为主体结构，其内部嵌有高压电极。其中旋流离心装置溢流管接电源正极，筒身接地作为负极，在旋流室中形成同轴圆柱形高压脉冲电场。装置工作时，乳化液由进料口进入旋流离心装置的旋流室中，在电场作用下，微小乳化液液滴聚结增大，然后通过旋流离心场脱去大液滴，由于油和水存在密度差，油液向上旋流，从溢流口排出，固体颗粒混杂在水中向下旋流。由于固体颗粒密度较大，聚集于底流管管壁附近，当流体流经去固段时，固体颗粒与水分离，从去固口排出，水从装置中心的排水口流出。

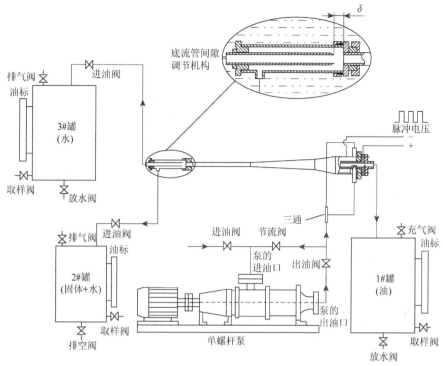

图 5.20   工艺流程示意图

5.5.2   三相分离系统仿真模型

1. 几何模型

双场耦合三相分离装置可以分为两个部分：双场耦合部分和去固部分，装置示意图如图 5.21 所示，结构示意图如图 5.22 所示。经初步研究，得到了去固率较高的双场耦合三相分离装置结构参数尺寸，如表 5.3 所示。

图 5.21   双场耦合三相分离装置示意图

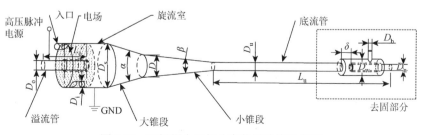

图 5.22   双场耦合三相分离装置结构示意图

表5.3 双场耦合三相分离装置的结构参数尺寸

参数	D/mm	D_i/mm	D_o/mm	L_o/mm	α/(°)	β/(°)	D_u/mm	L_u/mm	D_n/mm	D_w/mm	D_b/mm	δ/mm
尺寸	26	12	18	45	20	3	10	400	5	20	5	15

2. 网格划分及无关性分析

将双场耦合三相分离装置模型划分为三种网格数量：401286个、645263个和785226个。利用这三种网格模型进行数值计算，得到相应的数值结果。$z=790$mm截面上，不同网格数量下的切向速度和轴向速度的径向分布曲线如图5.23所示。从图中可知，网格数量为401286个时，切向速度小于其他两种情况，并且当网格数量由645263个增大到785226个时，切向速度无明显变化。此外，三种网格数量下，轴向速度基本一致。这表明当网格数量大于645263个时，数值结果与网格数量无关。因此，双场耦合三相分离装置模型的网格划分数量为645263个。计算网格示意图如图5.24所示。

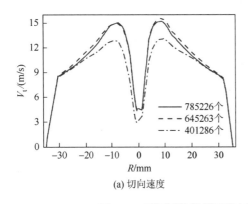
(a) 切向速度

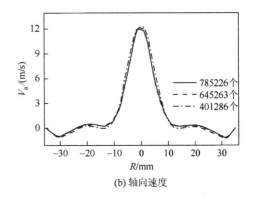
(b) 轴向速度

图5.23 不同网格数量下的切向速度和轴向速度的径向分布曲线

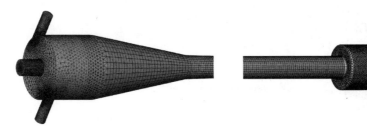

图5.24 计算网格

5.5.3 模型计算与结构优化

为了准确研究耦合单元内部流体运动特征，选取$x=0$mm截面上$z=7.5$mm、100mm、620mm、750mm、790mm，即在底流口间隙段、底流直管段、小锥段、大锥段和旋流腔段轴心处各取一截面进行模拟分析。

1. 排水管直径

1）切向速度

设双场耦合三相分离装置的入口流速为 10m/s，电压幅值为 11kV，排水管直径 D_n 分别为 3mm、4mm、5mm、6mm 和 7mm。不同排水管直径条件下的切向速度的径向分布曲线如图 5.25 所示。从图中可知，排水管直径的变化对装置旋流腔段和大锥段的切向速度分布影响不大。在装置旋流腔段，随着排水管直径的增大，切向速度峰值和装置轴心处的切向速度先保持不变，后略微降低。当排水管直径为 7mm 时，切向速度峰值降低了 5.1%。这表明减小排水管直径可以提高装置旋流腔段的切向速度，有助于油-水-固三相分

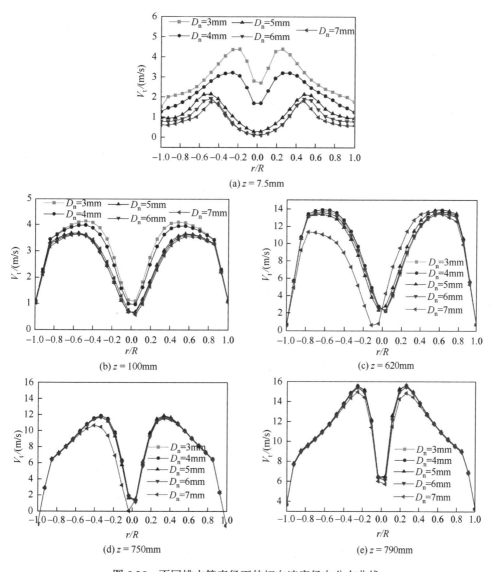

图 5.25 不同排水管直径下的切向速度径向分布曲线

离。此外，在 $z = 620mm$ 和 $750mm$ 处，排水管直径为 $7mm$ 时，切向速度分布紊乱。这表明较大的排水管直径会扰乱双场耦合三相分离装置中的流场稳定性，降低装置的分离效率。底流直管段和底流口间隙段的切向速度受排水管直径的变化影响较大，均随着排水管直径的增大而降低。在底流口间隙段，排水管直径为 $3mm$ 时的切向速度是 $7mm$ 时的 2.5 倍，大大提高了装置除去固体颗粒的能力。此外，当排水管直径逐渐增大时，切向速度峰值降低，最大切向速度包络面半径先减小后增大，对外部准自由涡的范围产生明显影响。由于固-液分离过程主要发生在外部准自由涡区域，排水管直径的增大会降低分离速度、缩小混合相的有效分离区域，从而导致双场耦合三相分离装置分离效率的降低。

2）静压力

不同排水管直径条件下的静压力径向分布曲线如图 5.26 所示。从图中可知，双场耦合三相分离装置中的静压力基本呈现 V 形分布，即静压力在壁面附近较高，在装置中心位置较低，从而形成径向压力差，为油-水-固三相分离提供驱动力。排水管直径的变化对装置旋流腔段、大锥段和小锥段静压力分布的影响具有相同的趋势。随着排水管直径的增大，装置壁面附近的静压力逐渐降低，而装置轴心位置的静压力先增大后降低，且均在排水管直径为 $5mm$ 时降为最低。由此可以得出，当排水管直径＞$5mm$ 时，双场耦合三相分离装置中径向压力差显著降低，不利于油-水-固三相分离。在 $z = 100mm$ 处，静压力随排

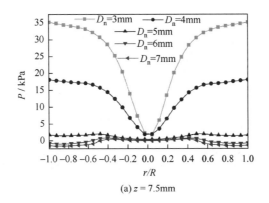

(a) $z = 7.5mm$

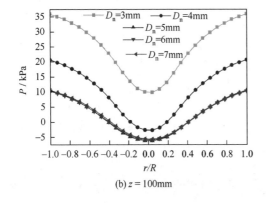

(b) $z = 100mm$

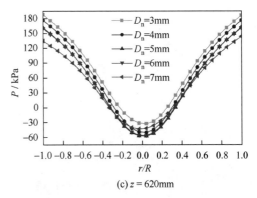

(c) $z = 620mm$

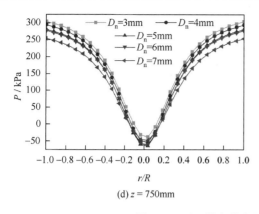
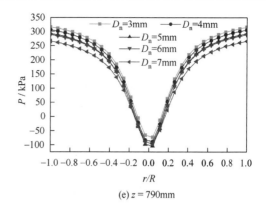

图 5.26　不同排水管直径下的静压力径向分布曲线

水管直径的增大而降低,当排水管直径>5mm 时,静压力无明显变化。这说明排水管直径的增大不能无限制地降低静压力。另外,相对于排水管直径为 5mm 的情况,当排水管直径为 3mm 时,底流直管段径向压力差增大了 82%,有利于提高装置的固-液分离能力。在装置底流口间隙段,随着排水管直径的增大,静压力逐渐降低。当排水管直径为 5mm、6mm 和 7mm 时,壁面附近的静压力基本与轴心位置相等,这将导致底流管间隙段的径向压力差不足,无法为固体颗粒的分离提供足够大的驱动力,降低了装置的分离性能。

2. 去固管直径

1）切向速度

设双场耦合三相分离装置的入口流速为 10m/s,电压幅值为 11kV,去固管直径 D_w 分别为 2mm、3mm、4mm、5mm 和 6mm。不同去固管直径条件下的切向速度径向分布曲线如图 5.27 所示。从图中可知,去固管直径的改变对装置旋流腔段几乎没有影响,仅在去固管直径为 2mm 时略微降低了切向速度峰值和轴心位置切向速度。大锥段和小锥段是旋流加速和液-液分离的重要部分。去固管直径的变化对这两处切向速度的影响并不大,仅略微降低了小锥段的流场稳定性。然而,相比于无去固部分的情况,小锥

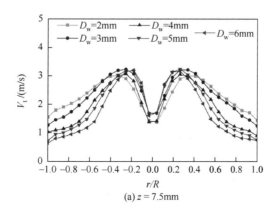

(a) $z = 7.5mm$

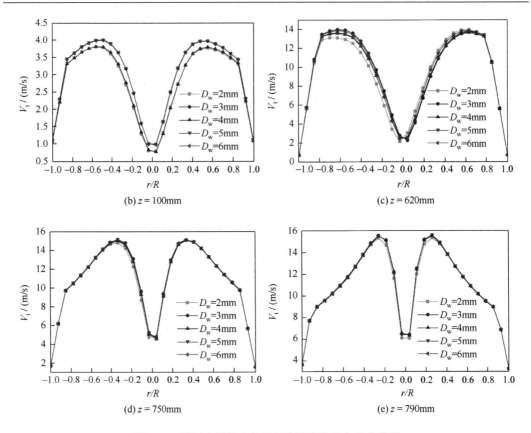

图 5.27　不同去固管直径下切向速度的径向分布曲线

段切向速度的对称性和稳定性大大增强。这是因为将底流管改造成去固部分，相当于增大了底流管直径，提高了双场耦合三相分离装置中流场的稳定性。当 $z = 100\text{mm}$ 时，随去固管直径的增大，切向速度略微增大，在一定程度上提高了装置的分离性能。在装置底流口间隙段，随去固管直径的增大，壁面附近的切向速度逐渐减小，但是切向速度峰值却基本上逐渐增大。此外，内部强制涡范围也随去固管直径的增大而略微减小。因此，去固管直径的适当增大可以有效提高底流口间隙段流体的切向速度，有利于固-液分离。

2）静压力

不同去固管直径条件下的静压力径向分布曲线如图 5.28 所示。从图中可知，随去固管直径的变化，装置旋流腔段、大锥段、小锥段和底流管段处的静压力变化具有相同的趋势。随着去固管直径的增大，壁面处的静压力略微增大，提高了装置内部流体的静压力梯度，有利于油-水-固三相分离。在装置底流口间隙部分，当去固管直径由 4mm 增大到 5mm 时，静压力显著提高，随着去固管直径的继续增大，静压力无明显变化。这表明增大去固管直径可以有效增大静压力梯度，改善装置的分离性能，并且当去固管直径为 5mm 时效果最佳。

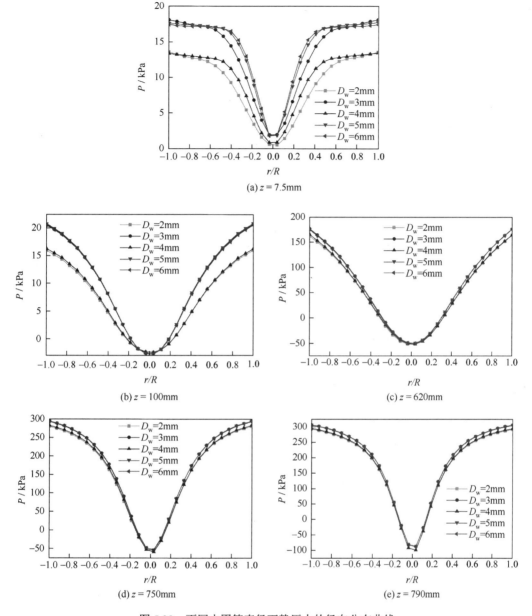

(a) z = 7.5mm

(b) z = 100mm

(c) z = 620mm

(d) z = 750mm

(e) z = 790mm

图 5.28　不同去固管直径下静压力的径向分布曲线

3. 底流口间隙

1）切向速度

设双场耦合三相分离装置的入口流速为 10m/s，电压幅值为 11kV，底流口间隙 δ 分别为 3mm、4mm、5mm、6mm 和 7mm。不同底流口间隙条件下的切向速度径向分布曲线如图 5.29 所示。在装置旋流腔段，随着底流口间隙的增大，切向速度峰值略微增大，有利于三相分离。大锥段和小锥段处的切向速度随底流口间隙的变化无明显变化，这表明底流

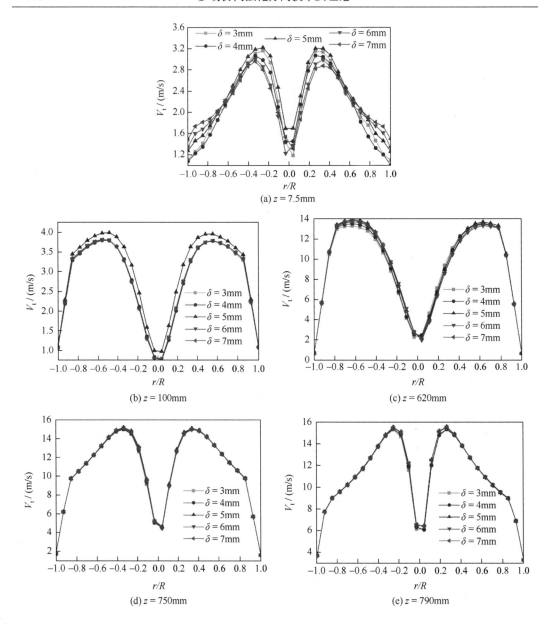

(a) $z = 7.5\text{mm}$

(b) $z = 100\text{mm}$

(c) $z = 620\text{mm}$

(d) $z = 750\text{mm}$

(e) $z = 790\text{mm}$

图 5.29　不同底流口间隙下切向速度的径向分布曲线

口间隙的变化对旋流强度和液-液分离过程没有显著的影响。在装置底流管段和底流口间隙段处，明显可以看出，当底流口间隙为 5mm 时，切向速度峰值和轴心位置的切向速度达到最大。这表明当底流口间隙为 5mm 时，分散相液滴受到的离心力比其他情况的大，更有利于固-液两相分离。此外，轴心处切向速度的增大降低了底流口排出液中的固体颗粒含量，提高了装置的去固性能。

2）静压力

不同底流口间隙条件下的静压力径向分布曲线如图 5.30 所示。很明显可以看出，在

装置旋流腔段、大锥段和小锥段以及底流管部分，随底流口间隙的增大，静压力分布并无明显变化，然而，当底流口间隙为 5mm 时静压力略微增大。这表明适当增大底流口间隙，可以提高装置内部的径向压力差，在一定程度上提高了装置的分离性能。在装置底流口间隙部分，当底流口间隙为 3mm 和 4mm 时，在 |r/R| = 0.5 附近出现了静压力峰值，这将导致部分流体被迫向壁面流动，降低了去固口排出液中的固体含量，降低装置的去固率。此外，当底流口间隙为 5mm 时，静压力达到最大，相对于底流口间隙为 7mm，径向压力差增大了 24.6%，大大提高了固体颗粒向壁面移动的驱动力，提高了装置的固-液分离能力。

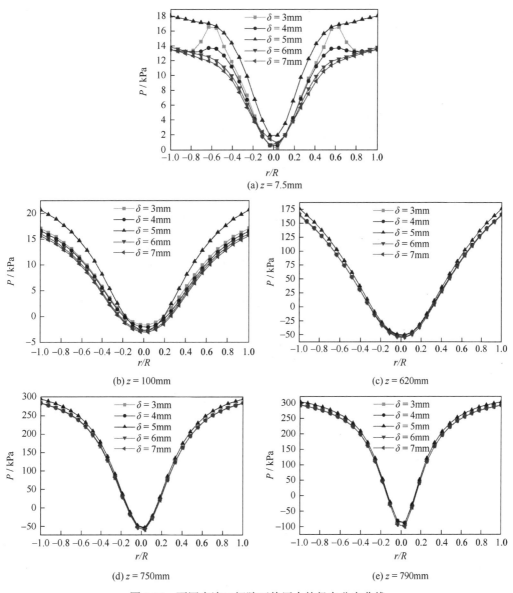

图 5.30　不同底流口间隙下静压力的径向分布曲线

5.5.4　三相分离实验及性能测试

1. 装置简介

双场耦合三相分离装置由双场耦合单元、溢流罐、底流罐、储液罐、电气控制柜、高压脉冲电源、流量计和压力表构成。其核心部件是双场耦合单元，主要分为双场耦合部分和去固部分，如图 5.31 所示。双场耦合部分以双切向入口双锥段对称式旋流离心分离装置为本体结构，在溢流口接入高压脉冲电源正极，筒身接地作为负极。双场耦合部分在结构上合理嵌入高压电极，在旋流室中产生高压脉冲电场，利用电场聚结增大液滴，再利用旋流离心场分离液滴，实现乳化液液滴的高效经济破乳脱水处理。去固部分是根据固-液密度差而实现固-液分离的。根据油液性质和固体颗粒含量调节底流口间隙 δ，实现固体颗粒的高效去除。

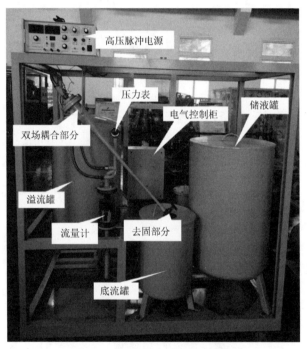

图 5.31　双场耦合三相分离装置

2. 三相分离实验及结果分析

实验用油选择南充基础油、蒸馏水、少量 Span-80 和规格为 130 目的石英砂配制含水体积分数为 10%的 W/O 型乳化液。在配置过程中，采用间歇式搅拌。当搅拌器不工作时，对水滴粒径进行实时采样分析。将配置好的乳化液经过单螺杆泵注入分离装置中，通过调节单螺杆泵变频器和高压脉冲电源，获得不同的入口流速和电压幅值。

乳化液由单螺杆泵泵入双场耦合单元中。在双场的作用下，液滴快速聚结增大，并在旋流离心力的作用下实现快速分离，含油体积分数较高的流体由溢流口排出，流入溢流罐中，含水体积分数较高的流体由底流口排出，流入底流罐中。在单螺杆泵和粗滤器之间设置节流阀，控制双场耦合单元的入口流量。通过调节底流罐的出油阀来控制底流口的分流比。通过应用三通管，保证两个入口的入口流速相同，并且在溢流罐和底流罐内设置取样阀。分离完成后，从溢流罐和底流罐中取样，利用颗粒图像采集系统对油样中乳化液液滴的粒径分布进行测量统计，并采用石油含水体积分数测定仪来检测取样阀中样品的含水体积分数。

　　本节分别进行电压幅值为 0kV、8kV、10kV、11kV、12kV 和 13kV 条件下双场耦合三相分离装置（简称耦合装置）破乳脱水实验（入口流速为 10m/s）和入口流速为 6m/s、8m/s、10m/s 和 12m/s 条件下耦合装置破乳脱水实验（电压幅值为 11kV）。当装置稳定时，从溢流罐中取出 100ml 油样，检测油样中水的粒径分布并进行测量统计，计算样机分离效率。实验结果为三次实验的平均值。当入口流速为 10m/s 时，施加一系列不同电场强度后，聚结液滴的形态分布如图 5.32 所示。由图 5.32 可知，在初始未施加电场时，液滴粒径较小，平均粒径约为 200μm，仅在旋流离心场单独作用下时，乳化液液滴粒径略微增大。在施加电场后，随着电场强度的增大，聚结液滴的粒径越来越大，在电压幅值为 11kV 时达到最大，之后又有所减小，说明在电压幅值为 11kV 时，液滴聚结效果最好。

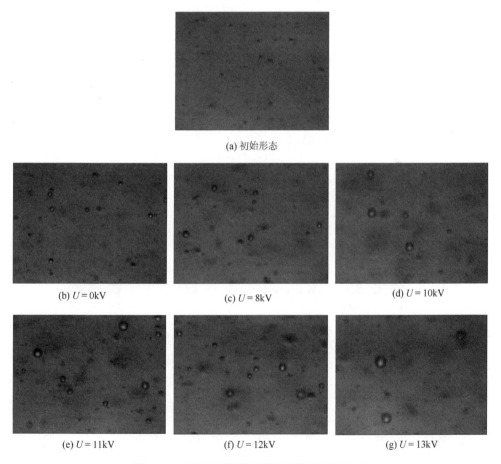

图 5.32　不同电压幅值下聚结液滴的形态分布

图 5.33 为不同电压幅值下耦合装置的分离效率。从图 5.33 中可以看出，随着电压幅值的升高，去固率基本保持不变，表明电场对固体颗粒的影响可以忽略。随着电压幅值由 0kV 增大至 11kV，脱水率和脱油率逐渐增大。这是因为电场促进了液滴的聚结过程，使得微小液滴聚结变大，增大了作用在液滴上的离心力，提高了分离性能。然而随着电压幅值继续升高，耦合装置的分离效率趋于平稳，甚至略有下降。因此，耦合装置的最佳电压幅值为 11kV。

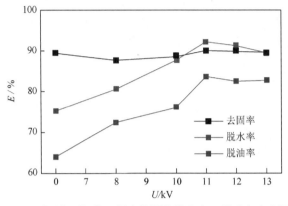

图 5.33　不同电压幅值下耦合装置的脱水率、脱油率和去固率

图 5.34 为电压幅值为 11kV 时不同入口流速下聚结液滴的形态分布。入口流速为 6m/s 时液滴粒径最大，随入口流速增大，液滴粒径逐渐减小，聚结效率逐渐降低。这是因为入口流速增大，一方面会缩短液滴在电场中的聚结时间，另一方面会增大湍流强度，提高液滴破碎的可能性，导致耦合装置脱水率降低。然而入口流速降低直接导致切向速度降低，回流减弱，导致液滴和固体颗粒难以实现有效分离。

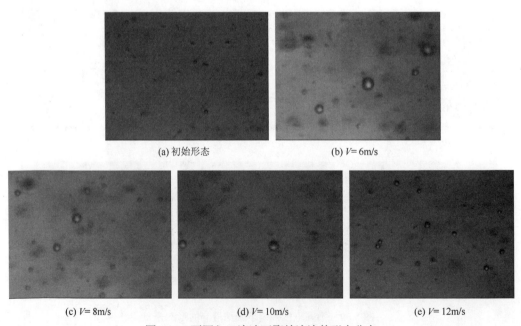

(a) 初始形态　　　　　　　　　　(b) V= 6m/s

(c) V= 8m/s　　　　　　　(d) V= 10m/s　　　　　　　(e) V= 12m/s

图 5.34　不同入口流速下聚结液滴的形态分布

不同入口流速时耦合装置的分离效率如图5.35所示。当入口流速从6m/s增加到10m/s时，耦合装置脱水率和脱油率增大，这是因为入口流速的增大使得耦合装置内部流体的切向速度增大，作用在液滴上的离心力增大，提高了分离性能。然而，当入口流速由10m/s增加到12m/s时，耦合装置脱水率和脱油率略有下降。这是因为入口流速继续增大，使得耦合装置内流体湍流强度增强，大液滴发生破碎，离心力降低，导致分离效率略有降低，这与耦合装置流场分析得到的结论是一致的。此外，去固率随入口流速的增大变化较大，主要是因为旋流强度直接决定了作用在固体颗粒上的离心力。综合考虑装置脱水率、脱油率和去固率，则最佳入口流速为10m/s。

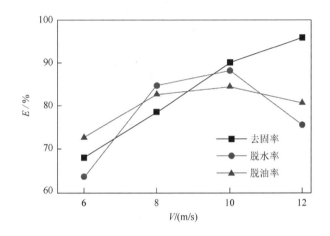

图 5.35　不同入口流速下耦合装置的脱水率、脱油率和去固率

通过以上三相分离实验，得到了最有利于乳化液液滴破乳脱水以及固体颗粒去除的电压幅值和入口流速分别为 $U=11\text{kV}$ 和 $V=10\text{m/s}$。

3. 性能测试

双场耦合三相分离装置的相关工作性能参数见表5.4。

表 5.4　双场耦合三相分离装置工作性能参数

公称流量/(L/min)	工作压力/MPa	泵的总功率/kW	电源电压/频率/(V/Hz)
20	≤0.6	4.5	380/50

在装置性能测试实验中，使用废汽轮机油作为实验油样对其进行脱水净化及去固处理。实验油样处理前和处理后的情况对比如图5.36所示，实验结果如表5.5所示。图5.36中，由于固体颗粒以及水分污染，汽轮机油颜色发黑且浑浊，成为工业废油。经过双场耦合三相分离装置处理后，油液颜色变浅，表明双场耦合三相分离装置可以有效进行工业废油脱水净化处理。

图 5.36　处理前后油样对比图

表 5.5　装置实验结果

测试项目	溢流口脱水率/%	底流口脱油率/%	去固率/%	$\dfrac{W_{真空}-W_{多场}}{W_{真空}}\times100\%$
第一次	92.3	86.5	92.5	80.4
第二次	91.4	84.3	92.3	78.5
第三次	91.9	85.7	93.1	83.4
平均值	91.9	85.5	92.6	80.8

注：W 为功率

　　从表 5.5 中可以看出，双场耦合三相分离装置的溢流口脱水率、底流口脱水率和去固率的平均值分别为 91.9%、85.5% 和 92.6%，表明本书的双场耦合三相分离装置拥有优越的破乳脱水及去固性能。此外，相对于常用的真空净油装置，在获得同样的破乳脱水效果的情况下，双场耦合三相分离装置的能耗降低 80.8%，而且增加了去固能力，表明本装置可以实现工业废油的高效经济的脱水净化及去固处理。

参 考 文 献

[1]　ANSYS Inc. Population Balance Module Manual[M]. Canonsburg：ANSYS Inc，2014.

[2]　Ramkrishna D. Population Balances：Theory and Applications to Particulate Systems in Engineering[M]. London：Elsevier，2000.

[3]　Davis M H. Two charged spherical conductors in a uniform electric field：Forces and field strength[J]. Quarterly Journal of Mechanics and Applied Mathematics，1964，17（4）：499-511.

[4]　Atten P. Electrocoalescence of water droplets in an insulating liquid[J]. Journal of Electrostatics，1993，30：259-269.

[5]　Eow J S，Ghadiri M，Sharif A O，et al. Electrostatic enhancement of coalescence of water droplets in oil：A review of the current understanding[J]. Chemical Engineering Journal，2001，84（3）：173-192.

[6]　Charles G，Mason S G. The coalescence of liquid drops with flat liquid/liquid interfaces[J]. Journal of Colloid Science，1960，

15（3）：236-267.

[7]　　Zhang X G，Basaran O A，Wham R M. Theoretical prediction of electric field-enhanced coalescence of spherical drops[J]. AIChE Journal，1995，41：1629-1639.

[8]　　Akbarian-Kakhki N，Farsi M，Rahimpour M R. Effect of current frequency on crude oil dehydration in an industrial electrostatic coalescer[J]. Journal of the Taiwan Institute of Chemical Engineers，2016，67：1-10.

[9]　　胡佳宁. 高压高频脉冲电脱水实验研究及机理分析[D]. 青岛：中国石油大学（华东），2011.

[10]　Sun D Z，Duan X D，Li W X，et al. Demulsification of water-in-oil emulsion by using porous glass membrane[J]. Journal of Membrane Science，1998，146（1）：65-72.

[11]　Sun D Z，Chung J S，Duan X D，et al. Demulsification of water-in-oil emulsion by wetting coalescence materials in stirred-and packed-columns[J]. Colloids and Surfaces. A：Physicochemical and Engineering Aspects，1999，150（1-3）：69-75.

[12]　Lee C H，Erickson L，Glasgow L A. Bubble breakup and coalescence in turbulent gas-liquid dispersions[J]. Chemical Engineering Communications，1987，59（1-6）：65-84.

[13]　Tsouris C，Tavlarides L L. Breakage and coalescence models for drops in turbulent dispersions[J]. AIChE Journal，1994，40（3）：395-406.

[14]　Venneker B C H，Derksen J J，van den Akker H E A. Population balance modeling of aerated stirred vessels based on CFD[J]. AIChE Journal，2002，48（4）：673-685.

[15]　Chasters A K. The modeling of coalescence processes in fluid-liquid dispersions：A review of current understanding[J]. Chemical Engineering Research and Design，1991，69：260-270.

[16]　Kuboi R，Komasawa I，Otake T. Collision and coalescence of dispersed drops in turbulent liquid flow[J]. Journal of Chemical Engineering of Japan，1972，5（4）：423-424.

[17]　Kuboi R，Komasawa I，Otake T. Behavior of dispersed particles in turbulent liquid flow[J]. Journal of Chemical Engineering of Japan，1972，5（4）：349-355.

[18]　Bapat P M，Tavlarides L L. Mass transfer in a liquid-liquid CFSTR[J]. AIChE Journal，1985，31（4）：659-666.

[19]　Liao Y X，Lucas D. A literature review on mechanisms and models for the coalescence process of fluid particles[J]. Chemical Engineering Science，2010，65（10）：2851-2864.

[20]　Kamp A，Chesters A K，Colin C，et al. Bubble coalescence in turbulent flows：A mechanistic model for turbulence-induced coalescence applied to microgravity bubbly pipe flow[J]. International Journal of Multiphase Flow，2001，27（8）：1363-1396.

[21]　Coulaloglou C A. Dispersed phase interactions in an agitated flow vessel[D]. Chicago：Illinois Institute of Technology，1975.

[22]　Narsimhan G. Model for drop coalescence in a locally isotropic turbulent flow field[J]. Journal of Colloid and Interface Science，2004，272（1）：197-209.

[23]　Coulaloglou C，Tavlarides L L. Description of interaction processes in agitated liquid-liquid dispersions[J]. Chemical Engineering Science，1977，32（11）：1289-1297.

[24]　Taylor G I. The formation of emulsions in definable fields of flow[C]. Proceedings of the Royal Society of London. Series A, Containing Papers of a Mathematical and Physical Character，1934，146（858）：501-523.

[25]　Hsu E C，Norman N L，Taras H. Electrodes for electrical coalescense of liquid emulsions：U.S.，4415426 [P]. 1983-11-15.

[26]　Yang D H，Ghadiri M，Sun Y X，et al. Critical electric field strength for partial coalescence of droplets on oil-water interface under DC electric field[J]. Chemical Engineering Research and Design，2018，136：83-93.

[27]　Kocamustafaogullari G，Ishii M. Foundation of the interfacial area transport equation and its closure relations[J]. International Journal of Heat and Mass Transfer，1995，38（3）：481-493.

[28]　Schutz S，Gorbach G，Piesche M. Modeling fluid behavior and droplet interactions during liquid-liquid separation in hydrocyclones[J]. Chemical Engineering Science，2009，64（18）：3935-3952.